前 言

党的二十大报告明确指出：教育、科技、人才是全面建设社会主义现代化国家的基础性、战略性支撑。遵循党的二十大精神，编者以多年来 Python 程序设计课程教学经验为基础，探究该课程中存在的问题，注重培养学生的计算思维和创新能力，完成本书编写工作。

Python 功能强大、简单易学，已经被广泛应用于大数据分析、人工智能、Web 开发等领域，是高校工科各专业学生首选的编程语言。本书在全面系统地介绍 Python 程序设计的同时，将程序的特点与时代发展相结合，从而提升了课程的知识性、引领性和时代性，使学生在学习专业知识的过程中，领悟其中的人文精神。

本书系统介绍了 Python 语言的特点、语法规则、应用方法，以及程序设计的基本思想、基本方法。本书案例代码丰富，并在每章都配有综合实验、课程思政案例、习题，这有助于学生快速学会使用 Python 进行程序设计，并能识读和编写较复杂的程序，从而全面培养学生的计算思维能力、创新能力，以及发现问题、分析和解决问题的能力。为了方便教学和学习，本书提供了配套的电子课件和习题答案。

全书分为 10 章，内容主要包括：Python 环境搭建及使用方法、Python 的基本语法规则、程序的流程控制、字符串处理、列表与元组、集合和字典、函数、面向对象、文件操作、爬虫技术。其中，第 1~3 章、第 6 章、第 8 章由唐小平编写，第 4 章、第 5 章、第 9 章由曾鹏君编写，第 7 章、第 10 章由李凡编写 。全书由赵莉统稿。

由于时间仓促和编者学识水平有限，书中难免存在疏漏或不妥之处，恳请广大读者批评指正。

编 者

2024 年 12 月

目   录

■ 新工科·计算机应用型人才培养系列教材

■ 普通高等院校计算机基础教育系列精品教材

Python程序设计

（第2版）

◉主 编 赵 莉 唐小平 曾鹏君

◉副主编 李 凡

北京理工大学出版社

BEIJING INSTITUTE OF TECHNOLOGY PRESS

内 容 简 介

本书从程序设计的基本概念出发，全面、系统、深入地介绍了 Python 语言设计的基本概念与方法。书中案例丰富，强调实践操作，旨在培养读者的实际编程能力。同时，本书巧妙融入了党的二十大精神，引导学生形成正确的世界观、人生观和价值观。本书共分为 10 章，涵盖了 Python 语言基础、Python 基本语法、数据类型、程序控制结构、函数、模块、文件、面向对象和爬虫技术等内容。

本书既可以作为各类院校相关专业教材，也可以作为 Python 爱好者的自学参考书。

图书在版编目（CIP）数据

Python 程序设计 / 赵莉，唐小平，曾鹏君主编.

2 版. -- 北京：北京理工大学出版社，2025. 1（2025. 2 重印）.

ISBN 978-7-5763-4839-2

Ⅰ. TP312. 8

中国国家版本馆 CIP 数据核字第 2025HJ0734 号

责任编辑：曾　仙	**文案编辑：**曾　仙
责任校对：刘亚男	**责任印制：**李志强

出版发行 / 北京理工大学出版社有限责任公司

社　　址 / 北京市丰台区四合庄路 6 号

邮　　编 / 100070

电　　话 / （010）68914026（教材售后服务热线）

　　　　　　（010）63726648（课件资源服务热线）

网　　址 / http://www.bitpress.com.cn

版 印 次 / 2025 年 2 月第 2 版第 2 次印刷

印　　刷 / 河北盛世彩捷印刷有限公司

开　　本 / 787 mm×1092 mm　1/16

印　　张 / 15.75

字　　数 / 367 千字

定　　价 / 48.00 元

图书出现印装质量问题，请拨打售后服务热线，负责调换

第 1 章
Python 语言基础

Python 是一种面向对象的、解释型的高级程序设计语言。Python 所具备的语法简洁、易于学习、功能强大、可扩展性强、跨平台等诸多特点，使其成为最受欢迎的程序设计语言之一。

本章要点

- 了解 Python 发展历程和应用领域。
- 学会 Python IDLE 的安装和使用。
- 学会使用 Python 集成开发环境。
- 熟悉 Python 的关键字和标识符、变量的含义。

1.1 Python 概述

1.1.1 Python 简介

Python 语言是一种面向对象的解释型计算机程序设计语言，由荷兰人吉多·范罗苏姆（Guido van Rossum）于 1989 年发明，首个公开发行版本于 1991 年发行。之所以选 Python（"大蟒蛇"的意思）作为该编程语言的名字，是因为吉多是巨蟒剧团（Monty Python）喜剧团体的粉丝。Python 的灵感来自 ABC 语言——吉多参与开发的一种适用于非专业程序开发人员的教学语言。当时，他受到 ABC 语言的启发，认为这种语言具有优美和强大的特性，是专门为非专业程序员设计的。然而，ABC 语言并没有取得预期的成功，吉多认为这主要归因于其非开放性的本质。为了避免 ABC 语言的缺陷，吉多决心开发一门新的编程语言，Python 语言由此诞生，其从 ABC 语言发展而来，结合了 UNIX Shell 和 C 语言的编程习惯。

Python 的源代码和解释器 CPython 遵循 GNU 通用公共授权（General Public License，GPL）协议，这使得 Python 成为一种开源、自由、易于分享的语言。Python 简单易学，且拥有丰富的数据类型和强大的库（如 NumPy、Pandas 等）支持，使得开发者能够高效地进行各种编程任务，目前已广泛应用于 Web 开发、图形处理、科学计算、网络爬虫、大数据等多个领域。在 TIOBE 编程语言排行榜中，Python 近些年来一直稳居前列，这充分证明了 Python 在编程领域的地位和影响力。

1.1.2 Python 的特点

Python 具有下列显著特点：

1）简单易学

Python 的设计理念是"优雅""明确""简单"，提倡"用一种方法，最好是只用一种方法来做一件事。"所以，Python 语言语法简洁、代码易读。

2）开源、免费

Python 是自由软件之一，既开源又免费。用户可以自由地阅读它的源代码，开发及发布自己的程序，且无须支付费用，也不用担心版权问题。

3）高级语言

Python 可以在代码运行过程中跟踪变量的数据类型，因此不需要声明变量的数据类型。程序员无须关心内存的使用和管理，Python 会自动分配和回收内存。

4）可移植性

由于其开源本质，Python 已经被移植到许多平台上，如 Linux、Windows、Mac OS。用 Python 语言写的程序不需要编译成二进制代码，可以直接从源代码运行，然后把它翻译成计算机使用的机器语言并运行。这使得 Python 语言更加简便，也使得 Python 程序更易于移植。

5）可扩展性

如果需要一段关键代码运行得更快或者希望某些算法不公开，可以将部分程序采用

C/C++编写，然后在 Python 程序中使用。反之，也可以把 Python 嵌入 C/C++程序，从而向程序用户提供脚本功能。

6）丰富的库

Python 标准库很庞大，它可以帮助用户处理多种工作，包括正则表达式、文档生成、单元测试、线程、数据库、网页浏览器、CGI、FTP、电子邮件、XML 等操作。除了标准库以外，还有许多其他高质量的库，如 wxPython、Flask 和 Pillow 图像库等。

1.1.3 Python 的发展历程

Python 发展至今，经历了多个版本，如表 1-1 所示。

表 1-1 Python 版本介绍

版本号	年份
0.90~1.2	1991—1995
1.3~1.5.2	1995—1999
1.6、2.0	2000
1.6.1、2.0.1、2.1、2.1.1	2001
2.1.2、2.1.3	2002
2.2~2.7	2001 年至今
3.×	2008 年至今

Python 的发展历程可以分为几个阶段。从 Python 的创建，到 Python 1.0 版本的发布，再经过 Python 2.0 版本的发展，如今 Python 3.0 版本在人工智能、大数据分析和机器学习等领域广泛应用，Python 不断发展壮大，逐渐成为最受欢迎的编程语言之一。

由于 Python 3.0 不再向后兼容，因此 Python 2.7 是 Python 2.×的最后一个版本。然而，Python 2.× 依然得到众多开发人员的支持，Python 因此也保持对该版本的更新，直到 2020 年停止。为了方便叙述，本书后续内容中将 Python 3.×简称为 Python 3，将 Python 2.×简称为 Python 2。

1.1.4 Python 的应用领域

Python 的应用领域非常广泛，目前几乎所有的大中型互联网企业都在使用 Python 完成各种各样的任务。Python 主要应用于 Web 开发、数据分析、人工智能、网络爬虫、自动化运维。

（1）Web 开发：Django 和 Flask 等框架使 Python 成为快速开发强大 Web 应用的首选。

（2）数据分析：NumPy、SciPy 和 Pandas 等库为数据处理和分析提供了强大支持。

（3）人工智能：谷歌公司的 TensorFlow 和 Facebook 公司的 PyTorch 等主流人工智能框架都基于 Python 开发，使其成为机器学习、神经网络和深度学习等方向的首选编程语言。

（4）网络爬虫：requests、Scrapy 等库使 Python 成为爬取网络数据的强大工具。

（5）自动化运维：Python 在系统管理、脚本编写等方面表现出色，提高了运维效率。

综上所述，Python 凭借其强大的功能和广泛的应用领域，已成为众多开发者和科研人员的首选语言。

1.2 Python 的安装和使用

1.2.1 Python IDLE 开发环境安装

本小节以在 Windows 操作系统安装为例，介绍 Python 的开发环境安装。

在 Python 的官方网站首页（https://www.python.org/downloads/）中单击导航菜单栏中的“Download”按钮，可显示 Python 下载菜单，如图 1-1 所示。该网站会自动检测用户的操作系统类型，图 1-2 所示为 Python 为 Windows 操作系统提供的下载版本，图中显示了当前最新版本为 Python 3.12.4，本书选用该版本。单击“Python 3.12.4”按钮，即可进入下载安装程序；也可以在下载列表中找到要下载的 Python 版本号，单击“Download”链接，进入该版本的下载页面（图 1-3）下载。

图 1-1　Python 下载菜单

Looking for a specific release?
Python releases by version number:

Release version	Release date		Click for more
Python 3.12.4	June 6, 2024	Download	Release Notes
Python 3.12.3	April 9, 2024	Download	Release Notes
Python 3.11.9	April 2, 2024	Download	Release Notes
Python 3.10.14	March 19, 2024	Download	Release Notes
Python 3.9.19	March 19, 2024	Download	Release Notes
Python 3.8.19	March 19, 2024	Download	Release Notes
Python 3.11.8	Feb. 6, 2024	Download	Release Notes

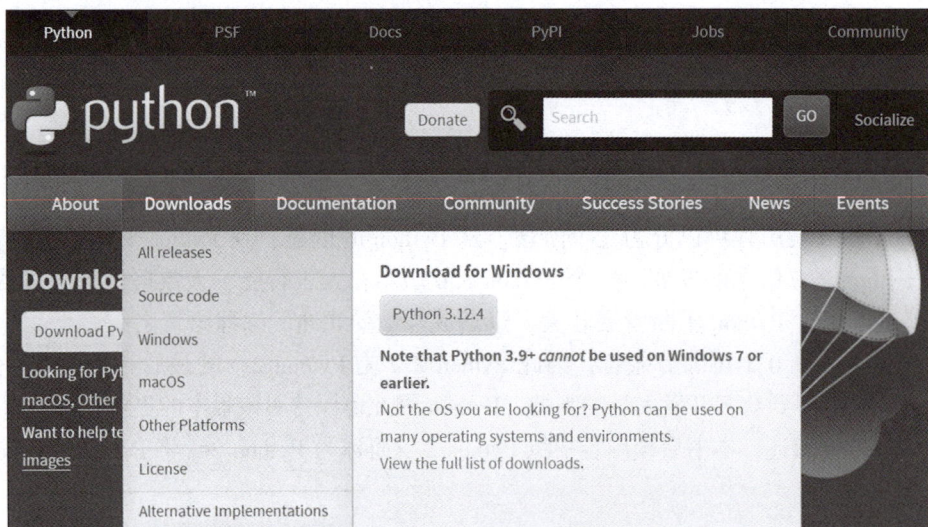

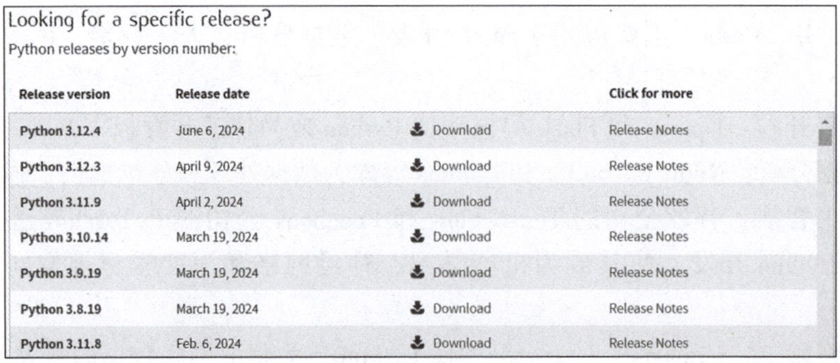

图 1-2　Python 的各种版本

Version	Operating System	Description	MD5 Sum	File Size	GPG	Sigstore	SBOM
Gzipped source tarball	Source release		ead819dab6d165937138daa9e51ccb54	26.0 MB	SIG	.sigstore	SPDX
XZ compressed source tarball	Source release		d68f25193eec491eb54bc2ea664a05bd	19.7 MB	SIG	.sigstore	SPDX
macOS 64-bit universal2 installer	macOS	for macOS 10.9 and later	b6de6aea008605f5d4096014c2ad3c43	44.0 MB	SIG	.sigstore	
Windows installer (64-bit)	Windows	Recommended	f3df1be26cc7cbd8252ab5632b62d740	25.5 MB	SIG	.sigstore	SPDX
Windows installer (ARM64)	Windows	Experimental	f3c2064f11c5f4eee475928a0fc62199	24.8 MB	SIG	.sigstore	SPDX
Windows embeddable package (64-bit)	Windows		8db759b337ac4f6966f52b3662c05dd7	10.6 MB	SIG	.sigstore	SPDX
Windows embeddable package (32-bit)	Windows		19691145551a41114b32a556bb2bcb89	9.4 MB	SIG	.sigstore	SPDX
Windows embeddable package (ARM64)	Windows		0a863fd2485b3057a2eea108f1252160	9.8 MB	SIG	.sigstore	SPDX
Windows installer (32 -bit)	Windows		d9c98b529889aba04ca5ec1c6b5f986f	24.3 MB	SIG	.sigstore	SPDX

图 1-3　Python 下载页面

　　如果操作系统是 64 位 Windows，则可下载 Windows installer（64-bit）；如果操作系统是 32 位 Windows，则可下载 Windows installer（32-bit）。根据实验的操作系统，单击相应的链接即可下载安装程序。

　　双击安装程序图标，执行 Python 安装操作，"Windows x86-64 executable installer" 安装程序启动后，其安装界面如图 1-4 所示。

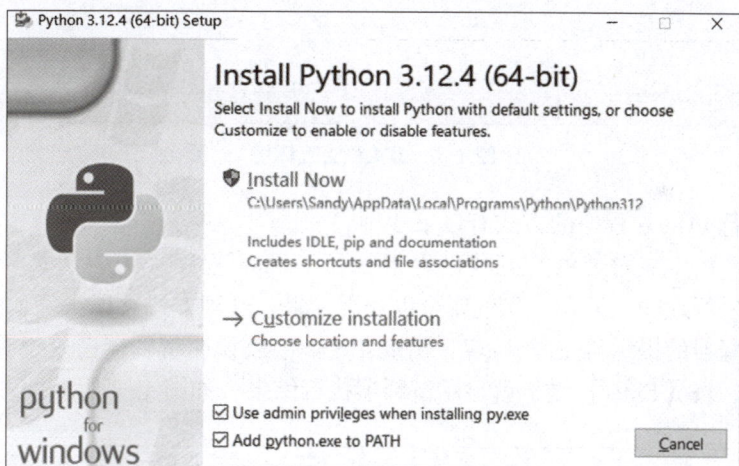

图 1-4　Python 3. 12. 4 安装界面

　　勾选界面最下方的 "Add python. exe to PATH" 复选框，将 Python 添加到系统的环境变量 PATH 中，从而保证在系统命令提示符窗口中，可在任意目录下执行 Python 相关命令。

　　Python 安装程序提供两种安装方式—— "Install Now" 和 "Customize installation"。"Install Now" 方式按默认设置 Python。若采用该安装方式，则应记住默认的安装位置，因为在使用 Python 的过程中可能会访问该路径。"Customize installation" 为自定义安装方式，用户可设置 Python 安装路径和其他选项。

　　安装完成后，在 Windows 的 "开始" 菜单中选择 "Python 3. 12" → "Python 3. 12（64-bit）"命令，可以打开 Python 交互环境，如图 1-5 所示。

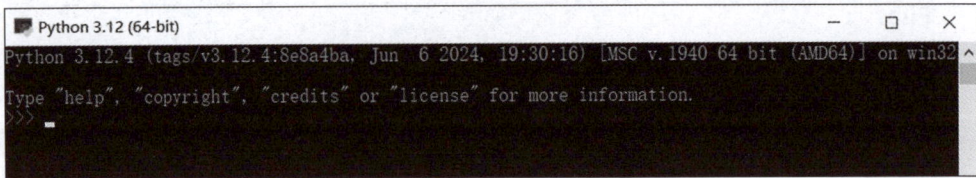

图1-5　Python 交互环境

1.2.2　Python 编程工具：IDLE

IDLE 是 Python 自带的编程工具，包含交互环境和源代码编辑器，安装完成 Python 3.12.4 之后，可以用它来运行 Python 程序。在 Windows 操作系统的"开始"菜单中选择"Python 3.12"→"\IDLE（Python 3.12 64-bit）"，启动 IDLE 交互环境，如图1-6 所示。

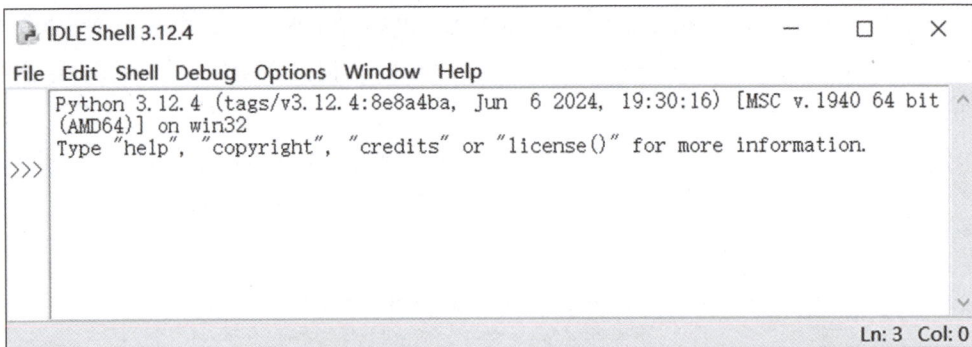

图1-6　IDLE 交互环境

通常，运行 Python 程序的方式有以下 3 种。

方式1：用 Python 自带的交互式解释器执行 Python 程序（或表达式）。采用这种方式，可以一行一行地输入语句，立刻就可以查看结果。这种方式可以很好地结合输入和输出。交互式解释器的提示符是">>>"，出现">>>"就说明解释器已处于等待输入状态。输入表达式后，按【Enter】键，就显示解释器执行结果，如图1-7 所示。

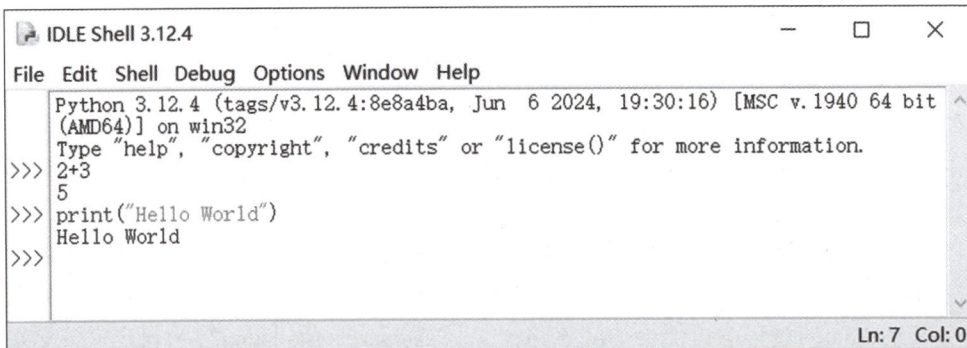

图1-7　交互式解释器执行

方式2：选择"File"→"New File"命令，出现编程界面，输入程序，如图1-8 所示。

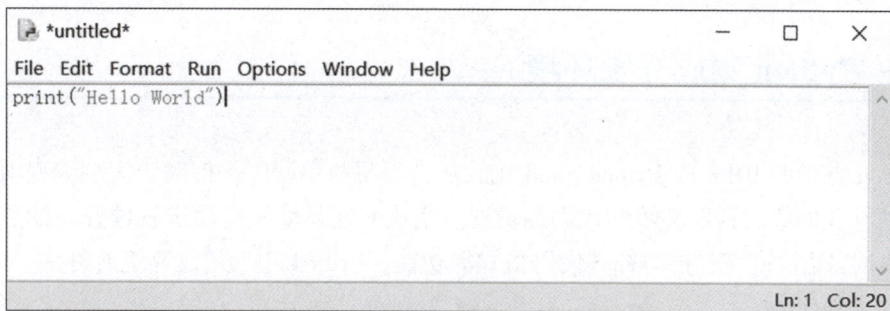

图 1-8　编程界面

然后，选择"File"→"Save"命令（或按【Ctrl+S】组合键）保存程序文件，例如，保存为文件"hello. py"。完成保存后，选择"Run"→"Run Module"命令（或按【F5】键）运行程序，可看到结果"Hello World"。

方式 3：在命令环境运行 Python 程序。按【Windows+R】组合键，打开"运行"对话框（图 1-9），输入"cmd"后单击"确定"按钮，打开 Windows 命令提示符窗口。

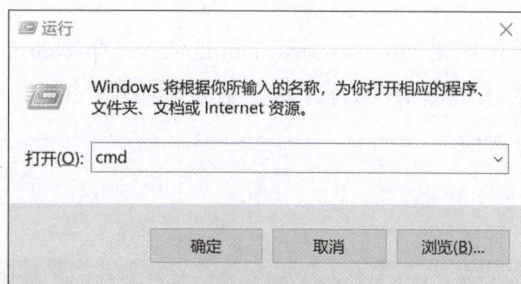

图 1-9　运行 cmd 命令

切换到 hello. py 文件所在目录，如在 D 盘，然后输入"python hello. py"命令运行程序文件，如图 1-10 所示。

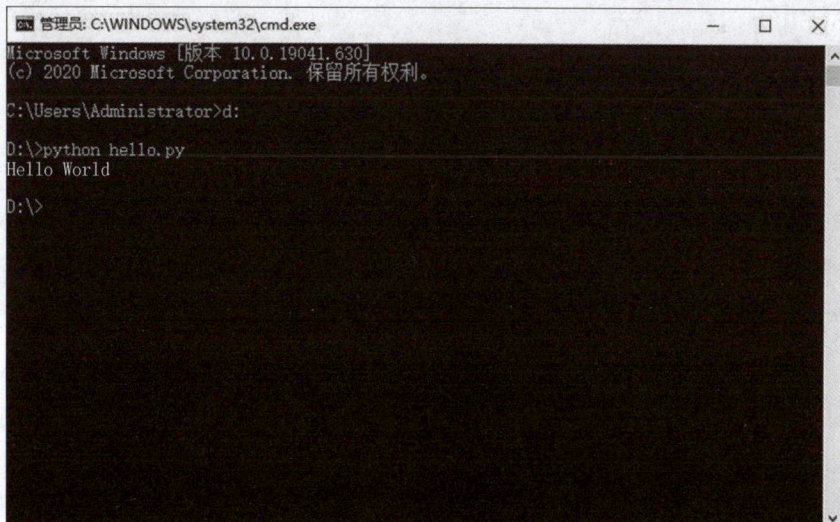

图 1-10　执行程序命令

1.3 Python 集成开发环境

Python 自带的 IDLE 或 Python Shell 比较适合编写简单程序，但对于大型编程项目，则需要借助专业的集成开发环境和代码编辑器。集成开发环境是专用于软件开发的程序，通常支持调试、语法高亮、自动补齐代码格式等功能。Python 基础开发环境有许多，PyCharm 是其中的优秀代表。

PyCharm 是 JetBrains 公司开发的一款 Python 专用 IDE 工具，是目前 Python 语言最好用的集成开发工具，在 Windows、Mac OS 和 UNIX/Linux 类操作平台中均可以使用。它带有一套可以帮助用户在使用 Python 语言开发时提高效率的工具，如调试、语法高亮、Project 管理、代码跳转、智能提示、自动完成、单元测试、版本控制等。此外，该 IDE 还提供了一些高级功能，用于支持 Django 框架下的专业 Web 开发。

1.3.1 PyCharm 的下载

PyCharm 的官方下载网站是 https://www.jetbrains.com/pycharm/，如图 1-11 所示。单击"Download"按钮后，出现图 1-12 所示的下载选项页面。

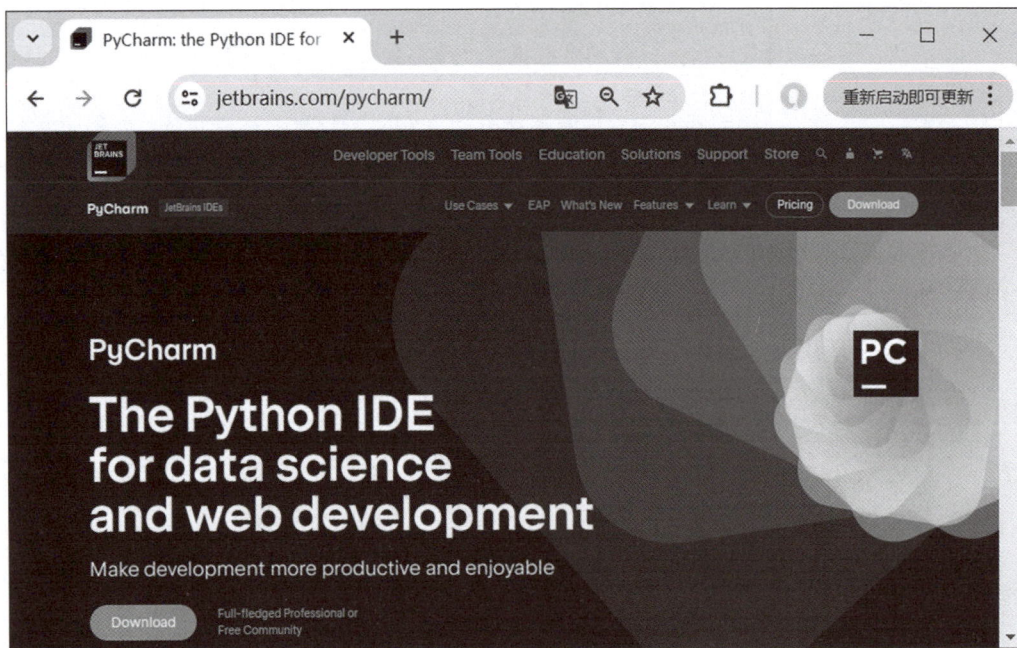

图 1-11　PyCharm 官网

与 Python 一样，PyCharm 也是跨平台的，可以运行在 Windows、Mac 和 Linux 操作系统中。PyCharm 有两个版本，分别为 Professional 和 Community，前者免费试用，后者免费且开源，建议使用 Community 版本。

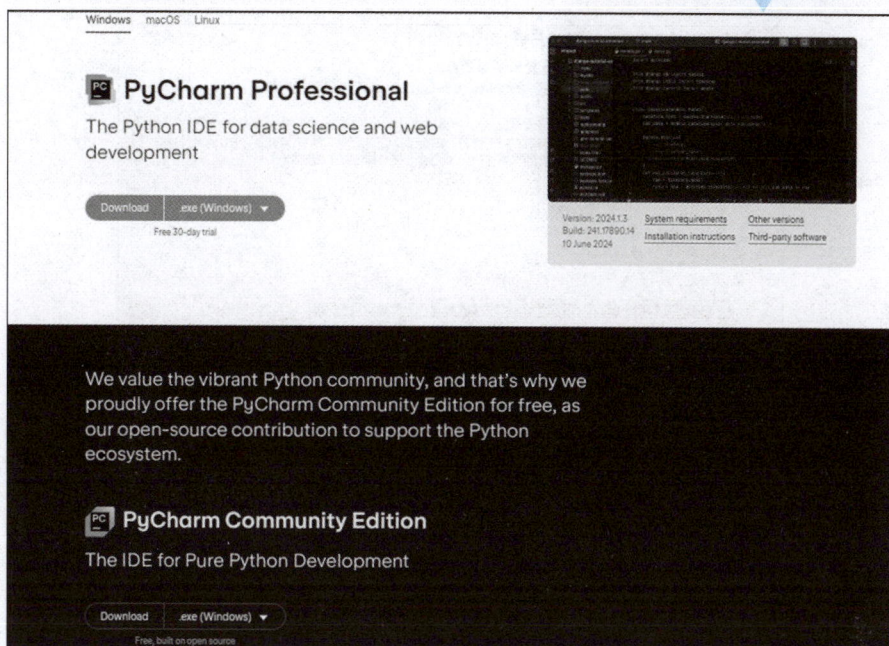

图 1-12　PyCharm 下载选项页面

1.3.2　PyCharm 的安装

安装 PyCharm 的步骤如下：

第 1 步，双击下载得到的可执行文件 pycharm-community-2024.1.3.exe，将显示安装向导对话框，如图 1-13 所示。

图 1-13　PyCharm 安装向导——欢迎界面

第 2 步，单击"下一步"按钮，开始安装。选择安装路径，如图 1-14 所示。

第 3 步，单击"下一步"按钮，出现图 1-15 所示的安装页面。读者可以根据需要进行选择，建议全部选中。

第 4 步，单击"下一步"按钮，即可进行正常安装。

图 1-14　PyCharm 安装向导——选择安装路径

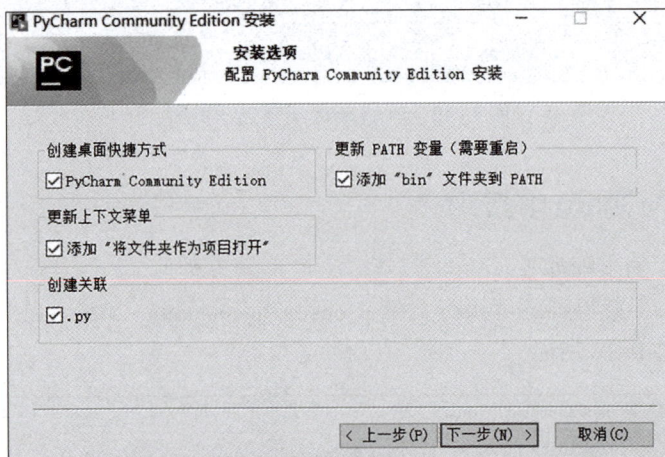

图 1-15　PyCharm 安装向导——选择安装选项

第 5 步，安装完成，如图 1-16 所示。

图 1-16　PyCharm 安装向导——安装完成

1.3.3 PyCharm 的使用

PyCharm 的使用步骤如下：

第 1 步，单击软件图标，打开 PyCharm 的欢迎界面，如图 1-17 所示。如果是首次使用，则单击"New Project"按钮创建新项目；若已经有了 Python 项目，则可以单击"Open"按钮，打开已有项目。

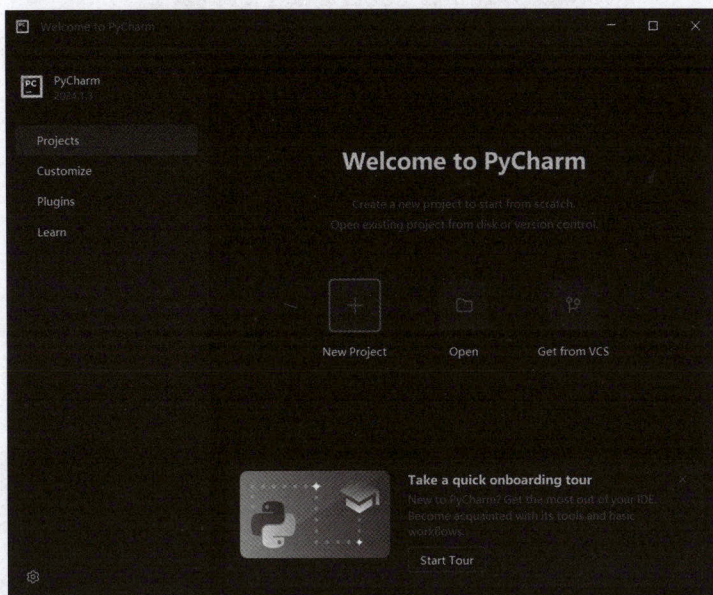

图 1-17　打开 PyCharm 的欢迎界面

第 2 步，选择"New Project"创建新项目，出现图 1-18 所示的选项页。"Location"文本框中是新项目的存放路径。

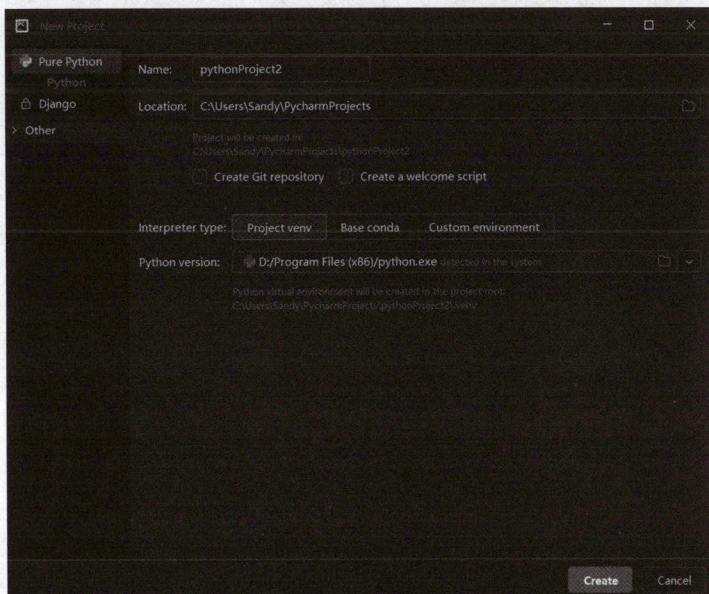

图 1-18　创建新项目选项页

11

第 3 步，单击"Create"按钮，则在指定路径下创建新项目，如图 1-19 所示。

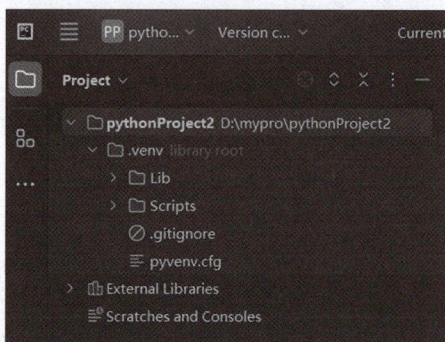

图 1-19　创建新项目后

注意：PyCharm 的默认背景色是黑色，可以根据需要进行调整和设置。方式：依次单击"File"→"Settings"→"Appearance & Behavior"→"Appearance"→"Theme"，打开"Settings"选项页，如图 1-20 所示。其中，Theme 表示主题格式化，默认为"Dark"，读者可以根据自身需要选择合适的主题格式，若选择"Light"，则出现图 1-21 所示的PyCharm 主窗口。

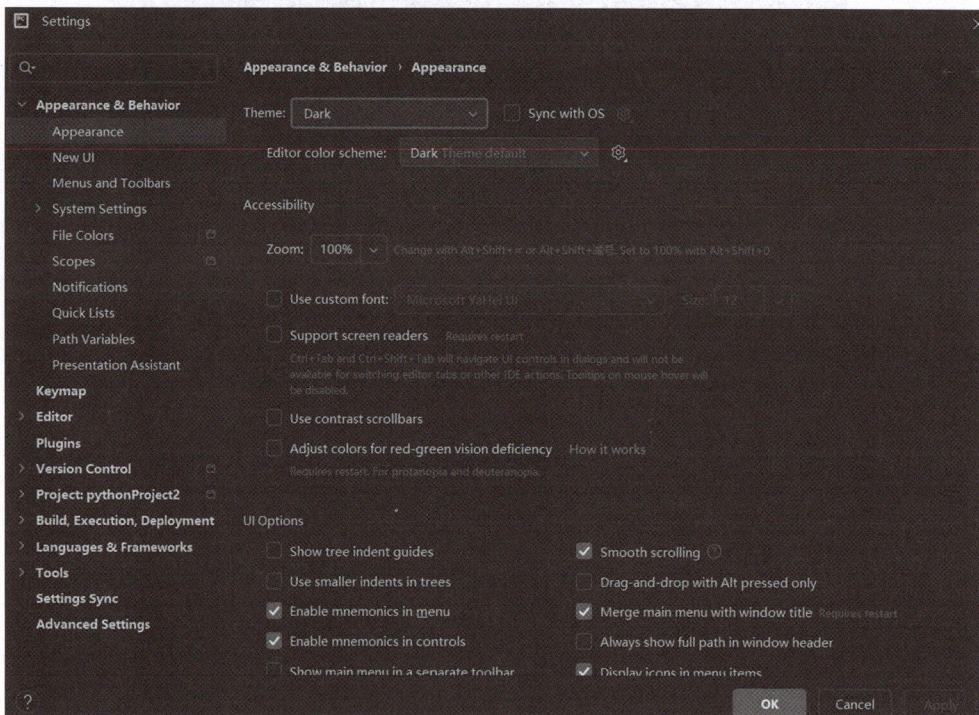

图 1-20　更换主题格式

第 4 步，创建 .py 文件。依次单击"File"→"New"→"Python File"，出现图 1-22 所示页面，在空白行输入文件名，出现图 1-23 所示的 PyCharm 主窗口。

第 5 步，依次单击"Run"→"Run'first'"，或者按【Shift+F10】组合键，即可运行程序。

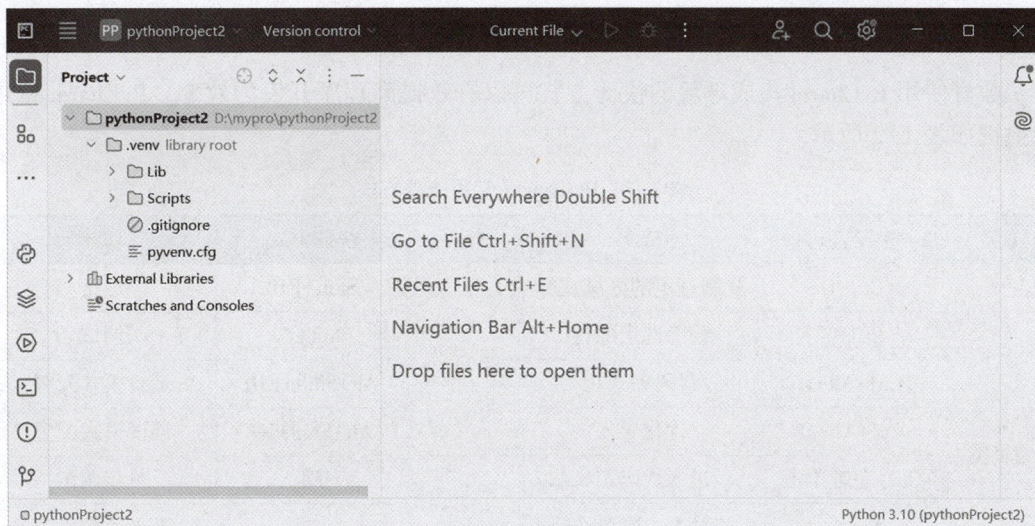

图 1-21 "Light" 主题格式下的 PyCharm 主窗口

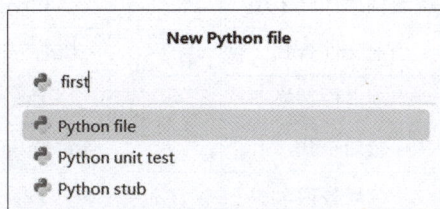

图 1-22 为新 .py 文件命名

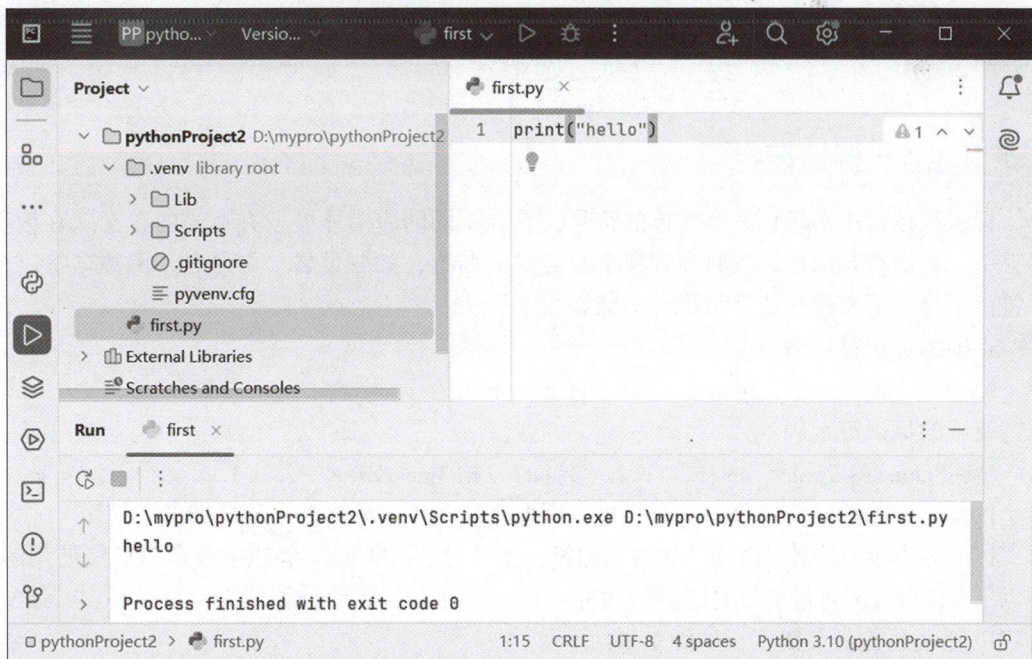

图 1-23 PyCharm 主窗口

1.3.4 PyCharm 的常用快捷方式

数量使用 PyCharm 集成环境的快捷方式可以有效提高程序开发的效率。PyCharm 常用快捷键如表 1-2 所示。

表 1-2 PyCharm 常用快捷方式

分类	快捷方式	功能	分类	快捷方式	功能
编辑类	Ctrl+D	复制选定的区域或行	运行类	Shift+F10	运行
	Ctrl+Y	删除选定的行		Shift+F9	调试
	Ctrl+Alt+L	代码格式化		Alt+Shift+F10	运行模式配置
	Ctrl+Alt+O	优化导入		Alt+Shift+F9	调试模式配置
	Ctrl+左键单击	进入代码定义	调试类	F8	单步调试
	Ctrl+/	行注释/取消注释		F7	进入函数内部
	Ctrl+[	快速调到代码开头		Shift+F8	退出
	Ctrl+]	快速调到代码末尾		Ctrl+F8	断点开关
替换/查找类	Ctrl+F	当前文件查找		Ctrl+Shift+F8	查看所有断点
	Ctrl+R	当前文件替换	导航类	Ctrl+N	快速查找类
	Ctrl+Shift+F	全局查找		连续按 Shift 两次	全局搜索
	Ctrl+Shift+R	全局替换			

1.4 标识符和变量

1.4.1 标识符

标识符是指用来标识某个实体的符号，它在不同的应用环境下有不同的含义。在编程语言中，标识符是用户编程时在程序中自定义的名称，如变量名、常量名、函数名等。标识符由字母、下划线和数字组成，不能以数字开头。

正确的标识符示例：

My_Boolean　obj3　myint　　mike2jack　_test

错误的标识符示例：

My-Boolean　2obj3　my!int　mike(2)jack　if　jack&rose　G.U.I

Python 中的标识符区分大小写字母，因此 Andy 和 andy 是两个不同的标识符。

Python 中有一些具有特殊功能的标识符，是关键字。关键字是 Python 语言已经使用的，所以不允许开发者自定义与关键字相同的标识符。在交互式解释器输入"keywords"命令，就可以显示 Python 关键字，如图 1-24 所示。

```
help> keywords

Here is a list of the Python keywords.  Enter any keyword to get more help.

False           break           for             not
None            class           from            or
True            continue        global          pass
__peg_parser__  def             if              raise
and             del             import          return
as              elif            in              try
assert          else            is              while
async           except          lambda          with
await           finally         nonlocal        yield


help>
```
Ln: 31 Col: 40

图 1-24　Python 关键字

1.4.2　常量和变量

常量就是不变的量，比如常用的数学常数 π（3.141 59）就是一个常量。编程语言可以定义变量，变量名是程序为了更方便引用内存中的值而取的名称。Python 变量名是区分字母大小写的，如 A 和 a 就是不同的变量名。

1.4.3　赋值语句

赋值语句用于将数据赋值给变量，Python 支持多种格式的赋值语句，如简单赋值、序列赋值、多目标赋值和增强赋值等。

在程序编写过程中，我们需要对一些程序进行注释，除了方便自己阅读外，更是为了别人能更好地理解我们的程序，"#"常被用作单行注释符号。在代码中使用"#"时，它右边的任何内容都会被当作注释。

1. 简单赋值

简单赋值用于对一个变量赋值。示例如下：

```
x=100
```

2. 序列赋值

序列赋值可以一次性对多个变量赋值。在序列赋值语句中，等号左侧是用元组或列表表示的多个变量，等号右侧是用元组、列表或字符串等序列表示的数据。示例如下：

```
>>>x,y=1,2                    #直接为多个变量赋值
>>> x
1
>>> y
2
>>> (x,y)=10,20               #为元组中的变量赋值
>>> x
```

```
10
>>>y
20
>>> [x,y]=30,'abc'              #为列表中的变量赋值
>>> x
30
>>> y
'abc'
>>>
```

当等号右侧为字符串时，Python 会将字符串分解为单个字符，依次赋值给各个变量。此时，变量的个数与字符的个数必须相等，否则会出错。示例如下：

```
>>> (x,y)='ab'
>>> x
'a'
>>> y
'b'
>>> ((x,y),z)='ab','cd'
>>> x
'a'
>>> y
'b'
>>> z
'cd'
>>>(x,y)='abc'
Traceback (most recent call last):
   File "<pyshell#7>", line 1, in <module>
      (x,y)='abc'
ValueError: too many values to unpack (expected 2)
>>>
```

序列赋值时，可以在变量名之前使用"＊"，对不带"＊"的变量仅匹配一个值，剩余的值可以作为列表赋值给带"＊"的变量。示例如下：

```
>>> x,＊y='abcd'              #将第一个字符赋值给 x,剩余字符作为列表赋值给 y
>>> x
'a'
>>> y
['b','c','d']
```

```
>>> *x,y='abcd' #将最后一个字符赋值给 y,剩余字符作为列表赋值给 x
>>> x
['a', 'b', 'c']
>>> y
'd'
>>> x,*y,z='abcde' #将第一个字符赋值给 x,最后一个字符赋值给 z,其他字符作为列表赋值给 y
>>> x
'a'
>>> y
['b', 'c', 'd']
>>> z
'e'
>>> x,*y=[1,2,'abc','汉字']          #将第一个字符赋值给 x,其他字符作为列表赋值给 y
>>> x
1
>>> y
[2, 'abc', '汉字']
```

3. 多目标赋值

多目标赋值指用连续的多个等号将同一个数据赋值给多个变量。示例如下：

```
>>> a=b=c=10
>>>a,b,c
(10,10,10)
```

等价于：

```
>>> a=10
>>> b=10
>>> c=10
```

4. 增强赋值

运算符与 "=" 结合在一起就是增强赋值运算符，如+=，-=，*=，/=。示例如下：

```
>>> a=5
>>> a+=10                    #等价于 a=a+10
>>> a
15
```

1.5 本章小结

本章介绍了 Python 的发展历史、语言特点。Python 具有语法简洁、易于学习、功能强大、可扩展性强、跨平台等特点，已成为最受欢迎的程序设计语言之一。然后，本章介绍了 Python 开发环境的搭建、编程工具的使用和运行方式。最后，本章还介绍了标识符及变量的定义、赋值语句。

综合实验

【实验目的】

1. 熟悉 Python 程序的三种运行方式。
2. 掌握 print( )输出函数的基本用法。

【实验内容】

在 IDLE 交互环境中执行 Python 语句，并将所执行的语句编写为 Python 程序。具体操作步骤如下。

第 1 步，在 Windows 操作系统的 "开始" 菜单中选择 "Python 3.12"→"IDLE" 命令，启动 IDLE。

第 2 步，输入 "print("Hello Python")"，按【Enter】键执行语句，观察输出结果。

第 3 步，输入 "a="Hello Python""，按【Enter】键，输入 "print(a)"，按【Enter】键，观察输出结果。

第 4 步，输入 "a"，按【Enter】键，观察输出结果。

第 1 步~第 4 步的运行结果如图 1-25 所示。

```
IDLE Shell 3.12.4                                    —    □    ×
File  Edit  Shell  Debug  Options  Window  Help
Python 3.12.4 (tags/v3.12.4:8e8a4ba, Jun  6 2024, 19:30:16) [MSC v.1940 64 bit (
AMD64)] on win32
Type "help", "copyright", "credits" or "license()" for more information.
>>> print("Hello Python")
Hello Python
>>> a="Hello Python"
>>> print(a)
Hello Python
>>> a
'Hello Python'
>>>
                                                            Ln: 10  Col: 0
```

图 1-25 在 IDLE 交互环境中执行 Python 命令

第 5 步，在 IDLE 交互环境中选择 "File"→"New" 命令，打开源代码编辑器，在交互环境中执行命令添加到源代码编辑器中。完整代码如下：

```
print("Hello Python")
a="Hello Python"
```

```
print(a)
a
```

第 6 步，按【Ctrl+S】组合键，保存程序文件。将文件名命名为 practice1.py。

第 7 步，按【F5】键，运行程序，在 IDLE 交互环境中显示运行结果（图 1-26），代码中只有 print( ) 函数输出的数据才会显示在交互环境中。

图 1-26　IDLE 交互环境中程序运行结果

第 8 步，按【Windows+R】组合键，打开"运行"对话框（图 1-27），输入"cmd"，按【Enter】键运行，打开 Windows 命令提示符窗口。

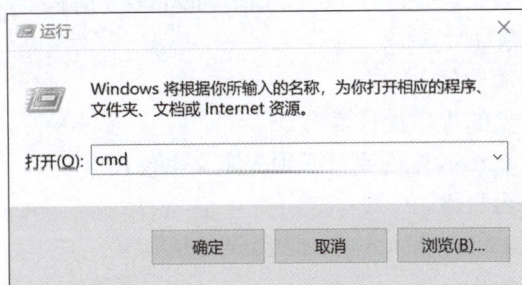

图 1-27　运行 cmd 命令

第 9 步，切换到 practice1.py 文件所在目录，执行"python practice1.py"命令运行程序文件，运行结果如图 1-28 所示。

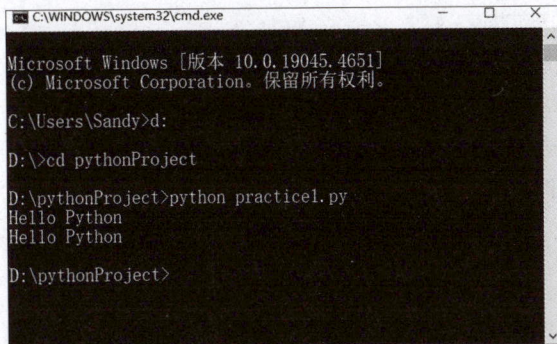

图 1-28　在 Windows 命令提示符窗口执行 Python 程序

19

【实验总结】

1. 收获

_____

_____

_____

2. 需要改进之处

_____

_____

_____

_____

习　题

扫描二维码
获取习题答案

一、选择题

1. Python 源于 (　　)。

A. ABC 语言　　　　　　　　　　　B. C 语言

C. Java 语言　　　　　　　　　　　D. Modula-3 语言

2. 下列说法错误的是 (　　)。

A. Python 是免费开源软件

B. Python 是面向对象的程序设计语言

C. 与 C 语言类似，Python 中的变量必须先定义再使用

D. Python 具有跨平台特性

3. 下列关于 Python 2 和 Python 3 的说法错误的是 (　　)。

A. Python 3 不兼容 Python 2

B. 在 Python 3 中可使用汉字作为变量名

C. 在 Python 2 中使用 print 语句完成输出

D. 在 Python 3 和 Python 2 中，str 类型的字符串是相同的

4. 下列关于 Python 程序运行方式的说法错误的是 (　　)。

A. Python 程序在运行时，需要 Python 解释器

B. Python 命令可以在 Python 交互环境中执行

C. Python 冻结二进制文件是一个可执行文件

D. 要运行冻结二进制文件，需要提前安装 Python 解释器

5. 下列选项中，正确的标识符是 (　　)。

A. 2you　　　　　　　　　　　　　B. my-name

C. _item　　　　　　　　　　　　　D. abc * 234

二、编程题

1. 从键盘上输入两个数，求它们的和并输出。

2. 在屏幕上输出"Python 语言简单易学"。

第 2 章
Python 语法基础

本章主要介绍 Python 语言的基本语法元素、基本数据类型、运算符和表达式、变量与对象，以及输入和输出函数。

本章要点

- 掌握 Python 的基本语法元素。
- 熟悉 Python 的基本数据类型。
- 掌握运算符和表达式的使用方法。
- 理解 Python 变量与对象之间的关系。
- 掌握输入和输出函数的用法。

2.1 基本语法元素

Python 的基本语法元素包括缩进、注释、语句续行符号、语句分隔符号、关键词等内容。

2.1.1 缩进

Python 默认从程序的第一条语句开始，按顺序依次执行各条语句。代码块可视为复合语句。在 Java、C/C++等语句中，用大括号"{}"表示代码块。示例如下：

```
if (x>0)
{
    y=1;
}else
{
    y=-1;
}
```

Python 使用缩进（空格）来表示代码块，连续的多条具有相同缩进的语句为一个代码块。例如，if、for、while、def、class 等语句都会使用到代码块。通常，语句末尾的冒号表示代码的开始。示例如下：

```
if x>0:
    y=1
else:
    y=-1
```

注意：在同一个代码块中的语句，其缩进量应相同，否则会发生 SyntaxError（缩进错误）异常。

2.1.2 注释

注释是指为程序添加的说明性文字，以便阅读和理解代码，Python 解释器会忽略注释内容。Python 注释分单行注释和双行注释。

单行注释以符号"#"开始，在当前行中符号"#"及其后的内容为注释。单行注释既可以单独占一行，也可放在语句末尾。多行注释以 3 个英文的单引号"'''"或 3 个双引号"""""作为注释的开始和线束符号。示例如下：

```
"""多行注释开始
下面代码根据变量 x 的值计算 y
多行注释结束
"""
```

```
x=5
if x>100:
    y=x*8-1                 #单行注释:x>100 时执行语句
else:
    y=0                     #x<100 时执行该语句
print(y)
```

2.1.3 语句续行符号

通常，Python 中的一条语句占一行，没有语句结束符号。跨行的字面字符串可用以下几种方法表示。

（1）使用"\"结尾，即在每行最后一个字符后使用反斜线来说明下一行是上一行逻辑上的延续。示例如下：

```
if x<100\
    and x>10:
    y=x*3-1
else:
    y=0
```

注意：在符号"\"之后不能有任何其他符号，包括空格和注释。

（2）使用 3 个单引号换行。示例如下：

```
print(''' 我是一个程序员
    我刚开始学习 Python''' )
```

（3）使用 3 个双引号换行。示例如下：

```
print("""我是一个程序员
    我刚开始学习 Python""")
```

（4）还有一种特殊的续行方式：在使用括号（包括"（）""[ ]"和"{ }"等）时，括号中的内容可分多行书写，括号中的注释、空格和换行符都会被忽略。示例如下：

```
if (x<100                   #此行为注释
    and x>10):
    y=x*3-1
else:
    y=0
```

2.1.4 语句分隔符号

Python 使用分号作为语句分隔符号，从而将多条语句写在一行。示例如下：

```
print(100);print(2+3)
```

使用语句分隔符号分隔的多条语句可视为一条复合语句，Python 允许将单独的语句（或复合语句）写在冒号之后。示例如下：

```
if x<100 and x>10:y=x*5-1
else:y=0;print()
```

2.2 基本数据类型

Python 中的数据类型分为简单数据类型、复合数据类型。其中，简单数据类型分为数字类型、字符串类型、布尔类型，复合数据类型分为元组、列表、字典、集合。

本章只介绍简单数据类型（数字类型、字符串类型、布尔类型），复合数据类型（列表、元组、字典和集合）将在第 4、5 章介绍。

2.2.1 数字类型

数字类型用于存储数字，是一种基本数据类型，其值不能再分解为其他类型。基本数据类型由系统预定，在程序中可以直接使用。Python 支持 3 种数字类型：整型（int）、浮点型（float）和复数型（complex）。

1. 整型数据

整型数据即整数，不带小数点，但可以有正号或是负号。任何仅含数字的序列在 Python 中都被认为是整数。在 Python 中可以单独使用数字 0，但不能将它作为前缀放在其他数字前面，否则系统会提示错误。示例如下：

```
>>> 07
SyntaxError:
```

一个数字序列定义了一个正整数，也可以显式在前面加上正号"+"，这不会使数字发生任何变化。在数字前面添加负号"–"可以定义一个负数。示例如下：

```
>>> +5
5
>>> - 123
- 123
```

在 Python 中，整数默认使用十进制数（除非在数字前面添加前缀，显式指定使用的其他进制）。进制是指在必须进位前可以使用的数字最大数量。以二进制为例，可以使用的数字只有 0 或 1。

在 Python 中，除了十进制外，还可以使用二进制、八进制、十六进制。其中，用 0b（或 OB）代表二进制，用 0o（或 OO）代表八进制，用 0x（或 0X）代表十六进制。

Python 解释器会打印出对应的十进制数。示例如下：

```
>>> 0b10
2
>>> 0o10
8
>>> 0x10
16
```

针对具体的编译系统环境，一般为整型数据分配相应的字节数，从而决定数据的表示范围。例如，Visual C++ 6.0 系统为整型数据分配 4 字节，带符号整数的数值范围是 $-2^{31} \sim 2^{31}-1$，超出该范围就会产生溢出（overflow）错误。在 Python 3.0 之后的版本中，整型数据的值在计算机内的表示不是固定长度的，只要内存许可，整型数据就可以扩展到无限长度，其取值范围几乎包括了全部整数（无限大），这为大数据计算提供了便利。

数字和运算符之间的空格不是强制的，可以写成下面的格式：

```
>>> 7 + 3          *          1
10
```

2. 浮点数

浮点数就是小数，之所以称为浮点数，是因为按照科学计数法表示时，一个浮点数的小数点位置是可变的，如 $1.56×10^3$ 和 $15.6×10^2$ 是相等的。浮点数可以用数学写法，如 1.56、−3、12 等。但是对于很大或很小的浮点数，就必须用科学计数法来表示，把"10"替换为"e"，$1.56×10^3$ 就是 1.56e3。"e"的前后不能空，"e"的后面必须是整数。示例如下：

```
>>> - 9. 5
- 9. 5
>>> 1. 2e3
1200. 0
>>> e3
Traceback (most recent call last):
  File "<pyshell#4>", line 1, in <module>
    e3
NameError: name 'e3' is not defined
>>> 1. 34e3. 2
SyntaxError: invalid syntax
```

整数和浮点数在计算机内的存储方式是不同的，整数运算精确，而浮点数运算可能会有四舍五入的误差。浮点数和整数一样，可以使用运算符（+、-、*、/、//、%），浮点数的整除结果仍是浮点数。示例如下：

```
>>> 8.0/4.0
2.0
>>> 8.0//4.0
2.0
>>> 8.0%3.0
2.0
```

divmod( )函数同时计算商和余数。示例如下：

```
>>>divmod(9,2)
(4, 1)
>>>divmod(9.0,2.0)
(4.0, 1.0)
```

使用float( )函数可以将整数转换为浮点数，用int( )函数可以将浮点数转换为整数。示例如下：

```
>>> float(9)
9.0
>>> int(5.4)
5
```

3. 复数

Python语言支持复数运算。复数由实部（real）和虚部（imaginary）两部分组成，虚部用j表示。示例如下：

```
>>> 3+2j
(3+2j)
>>> 8j
8j
>>>(6+5j) * 3j
(-15+18j)
```

用real方法取实部，imag方法取虚部，complex( )函数用于创建一个值为real+imag * j的复数。示例如下：

```
>>> a=6-3j
>>>a.real
6.0
```

```
>>>a. imag
- 3. 0
>>>complex(3,- 7)
(3- 7j)
```

2.2.2　字符串类型

字符串（string），顾名思义是一串字符，可以是计算机能表示的任意字符。在 Python 中，字符串用单引号、双引号或三引号作为定界符（成对表示）。这 3 种形式只是表示形式上的差别，在语义上是等价的。字符串可用下列方法表示：

（1）单引号：'a'、'123'、'China'。

（2）双引号："a"、"123"、"China"。

（3）三个单引号或双引号：'''Python code'''、"""我爱中国"""。三引号字符串可以包含多行字符。示例如下：

```
>>> x ="""This is
            a Python
            multiling string. """
>>> print(x)
This is
            a Python
            multiling string.
```

（4）带"r"或"R"前缀的 Raw 字符串：r'abc \ n123'、R'abc \ n123'。

（5）带"u"和"U"前缀的 Unicode 字符串：u'asdf'、U'asdf'。字符串默认为 Unicode 字符串，"u"和"U"前缀可以省略。

注意：如果字符串中有单引号，则可以用双引号表示该字符串。同样的，如果字符串中有双引号，则可以用单引号表示该字符串。例如：

```
 >>> print("abc' de' ")
abc' de'
>>>print(' abc"de'" )
abc"de"
```

字符串还支持索引、切片等操作，将在第 4 章进行详细介绍。

2.2.3　布尔类型

布尔类型其实是整型的子类型。布尔类型表示逻辑值真（True）和假（False），在数学运算中对应 1 和 0。0、空字符串、空列表、空元组、空字典和 None 对应的布尔值都是 False。在 Python 中，可以直接用 True、False 表示布尔值，也可以通过逻辑运算符和关系运算符计算出来。运算符和表达式将在 2.3.1 节和 2.3.2 节介绍。

2.2.4 数据类型转换

使用 Python 处理数据时，不可避免地要进行数据类型的转换，如整型和字符串之间的转换。转换分为隐式转换和显式转换，隐式转换也称为自动转换，不需要做特殊处理。显式转换也称为数据类型的强制类型转换，通过内置函数实现。表 2-1 列出了 Python 中常用的数据类型转换函数。

表 2-1　Python 中常用的数据类型转换函数

函数	描述	示例
int(x)	将 x 转换为十进制的整数	int(4.5)返回 4
float(x)	将 x 转换为一个浮点数	float(3)返回 3.0
complex(real[,imag])	创建复数	complex(1,2)返回(1+2j)
str(x)	将 x 转换为字符串	str(12)返回'12'
repr(x)	将 x 转换为表达式字符串	repr("1+2")返回"'1+2'"
eval(x)	计算字符串 x 中的表达式的值	eval("1+2")返回 3
chr(x)	将整数 x 转换为对应的 Unicode 字符	chr(97)返回'a'
ord(x)	将字符 x 转换为对应的整数	ord('A')返回 65
hex(x)	将整数 x 转换成对应的十六进制字符串	hex(100)返回'0x64'
oct(x)	将整数 x 转换为对应的八进制字符串	oct(100)返回'0o144'
bin(x)	将整数 x 转换为对应的二进制字符串	bin(2)返回'0b10'
bool(x)	将 x 转换成布尔型	bool(0)返回 False

2.2.5 内置数字处理函数

Python 提供了一些常用的内置数学函数，示例如下：

```
>>> abs(- 5)                    #返回绝对值
5
>>>divmod(9,4)                  #返回商和余数
(2,1)
>>> max(1,3,4,8)                #返回最大值
8
>>> pow(2,3)                    #返回 2 的 3 次方
8
>>> round(1.78)                 #四舍五入:只有一个参数时,四舍五入为整数
2
>>> round(1.654,2)              #四舍五入:四舍五入指定位数的小数
1.65
```

```
>>> sum({1,2,3,4})              #求和
10
```

Python 内置模块中的 math 模块是常用的内置模块。该模块提供了常用的数学常量和函数。要使用这些函数，需要先导入 math 模块。示例如下：

```
>>> import math
>>>math. pi                     #数学常量 π
3.141592653589793
>>>math. e                      #数学常量 e
2.718281828459045
>>>math. fabs(- 5)              #返回 x 的绝对值
5.0
>>>math. floor(2.3)             #返回不大于 x 的最大整数
2
>>>math. gcd(12,8)              #返回 x 和 y 的最大公约数
4
>>>math. exp(2)                 #返回 e 的 x 次方
7.38905609893065
```

2.3　运算符和表达式

Python 中有丰富的运算符，除控制语句和输入输出语句外，几乎所有的基本操作都可以由运算符来完成。常见的运算符有算术运算符、赋值运算符、比较运算符、逻辑运算符、位运算符、成员运算符和身份运算符等。

使用运算符将不同类型的常量、变量、函数或表达式按照一定的规则连接起来的式子称为表达式。例如，"1+2"为算术表达式，"x = 10"为赋值表达式等。

2.3.1　算术运算符与算术表达式

算术运算符也称为属性运算符，主要用来对数字进行数学计算，如加、减、乘、除等。表 2-2 列出了 Python 支持的基本算术运算符。

表 2-2　Python 支持的基本算术运算符

运算符	描述	示例
+	加：两个对象相加	1. 5+2 的结果为 3.5
−	负号：得到一个复数	x =−10，则 x 的值为−10
	减：两个对象相减	10. 25−5 的结果为 5. 25
*	乘：两个对象相乘	8 * 1.2 的结果为 9.6
/	除：两个对象相除	1/2 的结果为 0.5

运算符	描述	示例
%	求余或者取模：返回除法的余数	10%4 的结果为 2
//	取整除：返回商的整数部分，其为向下取整	9//2 的结果为 4
**	幂：求两个对象的幂	2**4 的结果为 16

说明： 当两个操作数都是整数时，结果为 int 型，否则为 float 型。在 Python 的算术运算符中，**（幂）的优先级高于*和/，*、/、%、//的优先级高于+、−。

2.3.2 赋值运算符与赋值表达式

赋值符号"="就是赋值运算符，其作用是将一个数（常量、变量或表达式等）赋值给另一个变量。用赋值运算符将一个变量和一个表达式连接起来的式子成为"赋值表达式"。例如，赋值表达式"x=3"表示将常量 3 赋值给变量 x。Python 中最基本的赋值运算符是"="，结合其他运算符，还能扩展出更强大的复合赋值运算符。表 2-3 列出了 Python 中常用的赋值运算符。

表 2-3　Python 中常用的赋值运算符

运算符	描述	示例
=	简单的赋值运算符	c=a+b 将 a 和 b 相加的值赋值给 c
+=	加法赋值运算符	c+=a 等价于 c=c+a
−=	减法赋值运算符	c−=a 等价于 c= c−a
*=	乘法赋值运算符	c*=a 等价于 c=c*a
/=	除法赋值运算符	c/=a 等价于 c=c/a
%=	取模赋值运算符	c%=a 等价于 c=c%a
//=	取整数赋值运算符	c//=a 等价于 c=c//a
**=	幂赋值运算符	c**=a 等价于 c=c**a

2.3.3 关系运算符

关系运算符也称为比较运算符，用于对常量、变量或表达式的结果进行大小、真假等的比较。如果条件成立，则返回布尔值 True（真）；反之，则返回 False（假）。关系运算符经常用在选择语句或者循环语句中作为条件判断的语句。

Python 中的关系运算符可以连用，其比较法则如下：

（1）关系运算符的优先级相同。

（2）对于两个预定的数值类型，关系运算符按照操作数的数值大小进行比较。

（3）对于字符串类型，关系运算符比较字符串的值，即按字符的 ASCII 码值从左到右一一比较。Python 中的关系运算符如表 2-4 所示。

表 2-4　Python 中的关系运算符

运算符	表达式	说明
==	x==y	若 x 等于 y，则结果为 True；否则，结果为 False
!=	x!=y	若 x 不等于 y，则结果为 True；否则，结果为 False
>	x>y	若 x 大于 y，则结果为 True；否则，结果为 False
>=	x>=y	若 x 大于等于 y，则结果为 True；否则，结果为 False
<	x<y	若 x 小于 y，则结果为 True；否则，结果为 False
<=	x<=y	若 x 小于等于 y，则结果为 True；否则，结果为 False

示例如下：

```
>>> 2>3
False
>>> 1<2<5                   #等价于 1<2 and 2<5
True
>>> 1==2<5                  #等价于 1==2 and 2<5
False
>>> 1<2>5                   #等价于 1<2 and 2>5
False
>>> ' Hello' >' World'      #等价于比较字符 H 和 W 的 ASCII 码
False
```

2.3.4　逻辑运算符

逻辑运算符 and、or、not 常用来连接条件表达式，以便构成更复杂的表达式。and 运算是逻辑"与"运算，只有所有逻辑量都为 True 时，and 运算的结果才是 True，其运算规则如表 2-5 所示。

表 2-5　and 运算规则

逻辑量 1	逻辑量 2	结果
False	False	False
True	False	False
False	True	False
True	True	True

or 运算是逻辑"或"运算，只要其中一个是 True，or 运算的结果就是 True，其运算规则如表 2-6 所示。

表2-6　or 运算规则

逻辑量 1	逻辑量 2	结果
False	False	False
True	False	True
False	True	True
True	True	True

not 运算符是逻辑"非"运算，它是一个单目运算符，其运算规则如表2-7所示。

表2-7　not 运算规则

逻辑量	结果
False	True
True	False

示例如下：

```
>>> not 3
False
>>> not 0
True
```

2.3.5　成员运算符

Python 成员运算符可以判断一个元素是否在某个序列中。例如，可以判断一个字符是否属于某个字符串，可以判断某个对象是否在某个列表中，等等。Python 的成员运算符如表2-8所示。

表2-8　Python 的成员运算符

成员运算符	描述	示例
in	如果在指定的序列中找到值，则返回 True；否则，返回 False	x in y，x 在 y 序列中，返回 True
not in	如果在指定的序列中没有找到值，则返回 True；否则，返回 False	x not in y，x 不在 y 序列中，返回 True

示例如下：

```
>>>a=3
>>>list=[1,2,3]
>>>a in list
True
>>>a not in list
False
```

2.3.6 身份运算符

Python 的身份运算符主要用于判断两个变量是否引用自同一个对象。Python 的身份运算符如表 2-9 所示。

表 2-9　Python 的身份运算符

身份运算符	描述	示例
is	判断两个标识符是不是引用自一个对象	x is y，如果 id(x)等于 id(y)，返回 True
not is	判断两个标识符是不是引用自不同对象	x is not y，如果 id(x)不等于 id(y)，返回 True

示例如下：

```
>>>a=10
>>>b=10
>>>a is b                #结果为 True
True
>>>a = 'hello'
>>>b='hello'
>>>a is b                #结果为 True
True
>>>a=c=[1,2,3]; b=[1,2,3]
>>>a is c                #结果为 True
True
>>>a is b                #结果为 False
False
>>>a is not b            #结果为 True
True
>>>a==b                  #结果为 True
True
```

注意：is 用于判断两个变量引用对象是否为同一个，== 用于判断引用变量的值是否相等。

2.3.7 位运算符

位运算只能操作整型数据，需要先将要执行运算的整数转换为二进制数，然后才能计算。以 a＝60（二进制 00111100）、b＝13（二进制 00001101）为例，Python 位运算符规则如表 2-10 所示。

表 2-10　Python 位运算符规则

运算符	描述	运算法则	示例
&	按位与运算符	两个操作数的二进制对应位都为 1 时，该位的结果为 1，否则为 0	a & b 输出结果为 12。二进制值：0000 1100
|	按位或运算符	两个操作数的二进制对应位都为 0 时，该位的结果为 0，否则为 1	a | b 输出结果为 61。二进制值：0011 1101
^	按位异或运算符	两个操作数的二进制对应位相同时，该位的结果为 0，否则为 1	a^b 输出结果为 49。二进制值：0011 0001
~	按位取反运算符	将操作数的每个二进制位取反，即把 1 变为 0，把 0 变为 1	~a 输出结果为-61。二进制值：1100 0011
<<	按位左移运算符	将操作数的二进制数向左移动指定位数，由 "<<" 右边的数指定移动的位数，左边溢出位丢弃，右边空位补 0	a<<2 输出结果为 240。二进制值：1111 0000
>>	按位右移运算符	将操作数的二进制数向右移动指定位数，由 ">>" 右边的数指定移动的位数，右边溢出位丢弃，左边空位根据正负数补齐	>>2 输出结果为 15。二进制值：0000 1111

2.3.8　运算符的优先级

Python 运算符的优先级如表 2-11 所示，也可用括号（括号优先级最高）改变计算顺序。

表 2-11　Python 运算符的优先级

优先级	运算符	说明	结合性
1	+x，-x	正，负	从左向右
2	x ** y	幂	从左向右
3	x * y，x/y，x%y	乘、除、取模	从左向右
4	x+y，x-y	加、减	从左向右
5	x<y，x<=y，x==y，x!=y，x>=y，x>y	比较	从左向右
6	not x	逻辑否	从左向右
7	x and y	逻辑与	从左向右
8	x or y	逻辑或	从左向右

下面举例说明运算符的优先级和结合性：

```
>>> 4+5 * 6                    #先乘后加
34
>>> 5 * 3/2                    #从左向右
```

```
7.5
>>> 2 ** 3 ** 2          #从右向左
512
>>> 3<5 or a>3           #从左向右
True
```

2.4　变量与对象

由于 Python 将所有的数据作为对象来处理，因此赋值语句会在内存中创建对象和变量，以下面的赋值语句为例：

```
x=5
```

Python 在执行该语句时，会按顺序执行 3 个步骤：首先，创建表示整数 5 的对象；其次，检查变量 x 是否存在，若不存在则创建变量 x；最后，建立变量 x 与整数对象 5 的引用关系。图 2-1 所示为变量 x 与对象 5 之间的关系。

图 2-1　变量和对象的关系

在 Python 中使用变量时，必须理解下面几点：

（1）变量在首次赋值时被创建，再次出现时可以直接使用。

（2）变量没有数据类型的概念。数据类型属于对象，数据类型决定了对象在内存中的存储方式。

（3）变量引用对象，在表达式中使用变量时，变量立即被其引用的对象替代，所以在使用变量之前必须为其赋值。

示例如下：

```
>>> x=3                  #第一次赋值,创建变量x,引用对象3
>>> print(x+4)           #变量x被对象5替代,语句实际为print(3+4)
7
```

2.4.1　对象的垃圾回收

当对象没有被引用时，其占用的内存空间会自动被回收——称为自动垃圾回收。Python 为每一个对象创建一个计数器，记录对象的引用次数，当计数器为 0 时，对象被删除，其占用的内存被回收。示例如下：

```
>>> x=4                        #第一次赋值,创建变量x,引用整数对象4
>>> type(x)                    #实际执行 type(4),所以输出整数对象4的数据类型
<class 'int'>
>>> x=2.5                      #使变量x引用浮点数对象2.5,对象4被回收
>>> type(x)                    #实际执行 type(2.5)
<class 'float'>
>>> x='abc'                    #使变量x引用字符串对象"abc",对象2.5被回收
>>> type(x)                    #实际执行 type('abc')
<class 'str'>
```

Python 自动完成对象的垃圾回收，编写程序时不需要考虑对象的回收问题。可以使用 del 命令删除变量，释放其占用的内存资源。示例如下：

```
>>> a=[1,2,3]
>>> del a                      #删除变量
```

2.4.2 变量的共享引用

共享引用是指多个变量引用了同一个对象。示例如下：

```
>>> x=3
>>> y=x                        #实际执行 y=3,变量 y 与变量 x 同时引用整数对象3
>>> print(x,y)                 #实际执行 print(3,3)
3 3
>>> x=8                        #变量 x 引用新的对象8,这不影响 y 对对象3的引用
>>> print(x,y)                 #实际执行 print(8,3)
8 3
```

在上面代码执行过程中，变量和对象之间有引用变化如图 2-2 所示。

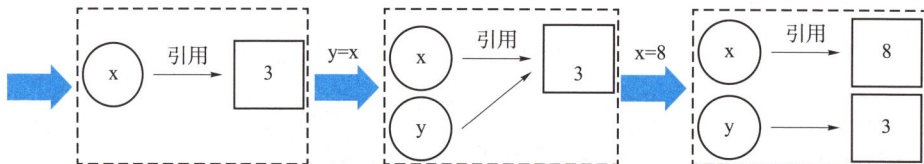

图 2-2 赋值语句引起的简单对象共享引用变化

将变量赋值给另一个变量时，会使两个变量引用同一个对象，如果修改了被引用对象的值，那么所有引用该对象的变量获得的将是改变之后的对象值。示例如下：

```
>>> x=[1,2,3]
>>> y=x                        #使 y 和 x 引用同一个列表对象[1,2,3]
>>> x
```

```
[1, 2, 3]
>>> y                    #输出结果与 x 的输出相同
[1, 2, 3]
>>> x[0]=8               #通过变量 x 修改列表对象的对象的第一项
>>> x                    #通过变量 x 输出修改后的列表
[8, 2, 3]
>>> y                    #通过变量 y 输出修改后的列表
[8, 2, 3]
```

在上面的代码执行过程中，变量和对象之间的引用变化如图 2-3 所示。

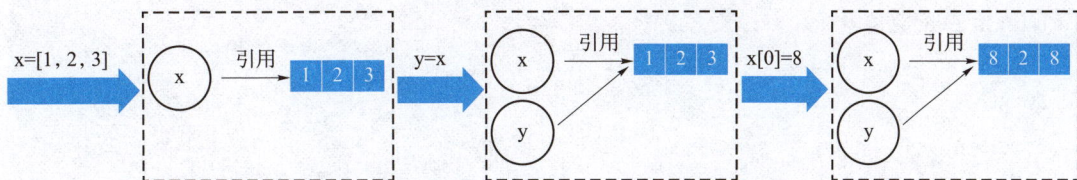

图 2-3　赋值语句引起的列表对象共享引用变化

可以用 is 操作符来判断两个变量是否引用了同一个对象。示例如下：

```
>>> x=5
>>> a=5
>>> a is x
True
>>> b=a
>>> c=3
>>> a is b
True
>>> a is c
False
```

2.5　输入及输出函数

Python 中的输入函数是 input( )，输出函数是 print( )。

2.5.1　输入函数

input( )接收从键盘输入一个字符串。示例如下：

```
>>> a=input()
9
>>> a
'9'         #'9' 表示的是一个字符串
```

如果需要输入数字，则需要用 int( ) 函数。示例如下：

```
>>> b=int(input("请输入一个数字:"))
请输入一个数字: 9↙
>>> b
9
```

input( ) 函数的参数 "请输入一个数字:" 是输入的提示符。
可用 split( ) 函数在一行中输入多个值，用空格分开。示例如下：

```
>>>m,n=input("请输入多个值"). split()
请输入多个值 3 5↙
>>> m
' 3'
>>> n
' 5'
```

2.5.2 输出函数

print( ) 是输出函数，参数是输出值。示例如下：

```
>>> print(3)
3
>>>print(3,7)
3 7
>>> print(a)
9
>>>a,b=3,4
>>> print(a,b,5)
3 4 5
```

【例 2-1】输入三角形的三条边的长度 3、4、5，求这个三角形的面积。
程序代码：

```
import math
a=int(input())
b=int(input())
c=int(input())
s=(a+b+c)/2
area=math. sqrt(s * (s- a) * (s- b) * (s- c))        # * 表示乘,math. sqrt 表示求平方根
print("三角形的边长为",a,b,c,end=' ')
print("三角形的面积为",area)
```

程序输入:

```
3↙
4↙
5↙
```

程序输出:

```
三角形的边长为 3 4 5 三角形的面积为 6.0
```

【例 2-2】画五角形。

Python 有很多库, turtle 是一个绘图库, 用下面的程序可画五角形:

```
import turtle
turtle. forward(200)
turtle. right(144)
turtle. forward(200)
turtle. right(144)
turtle. forward(200)
turtle. right(144)
turtle. forward(200)
turtle. right(144)
turtle. forward(200)
turtle. done()
```

程序运行结果如图 2-4 所示。

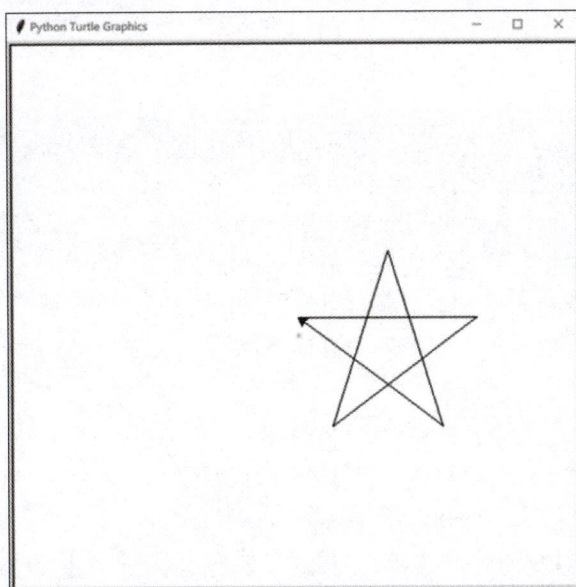

图 2-4 例 2-2 程序运行结果

2.6 案例：利用海伦公式求任意三角形的面积

2.6.1 案例任务

编写一个 Python 程序，该程序能够接收用户输入的三个边长值（假设这三个边长能够构成一个三角形），然后使用海伦公式计算出三角形的面积，并将结果输出给用户。

2.6.2 案例分析和实现

1. 案例分析

1）海伦公式简介

海伦公式又称半周长公式，是计算三角形面积的一种方法。假设三角形的三边长分别为 a、b、c，半周长 $p=(a+b+c)/2$，则三角形的面积 S 可以通过以下公式计算：

$$S = \sqrt{p(p-a)(p-b)(p-c)}$$

2）实现步骤

第1步，接收用户输入的三个边长值 a、b、c。

第2步，判断这三个边长能否构成一个三角形。根据三角形的性质，任意两边之和必须大于第三边，因此我们需要检查以下条件是否都满足：$a+b>c$，$b+c>a$，$a+c>b$。如果不满足这三个条件，则无法构成三角形，程序应输出相应的错误提示。

第3步，如果三个边长能够构成三角形，则计算半周长 p。

第4步，使用海伦公式计算三角形的面积 S。

第5步，将计算得到的面积 S 输出给用户。

2. 案例实现

代码如下：

```
import math

#接收用户输入的三个边长值
a = float(input("请输入三角形的第一条边长:"))
b = float(input("请输入三角形的第二条边长:"))
c = float(input("请输入三角形的第三条边长:"))

#判断这三个边长是否能够构成一个三角形
if a + b > c and b + c > a and a + c > b:
    #计算半周长
    p = (a + b + c) / 2
```

```
        #使用海伦公式计算三角形的面积
        area ＝math. sqrt(p ＊(p - a) ＊(p - b) ＊(p - c))
        #输出结果
        print(f"三角形的面积为：{area:. 2f}")
else:
        #如果不能构成三角形,则输出错误提示
        print("无法构成三角形")
```

运行结果：

```
请输入三角形的第一条边长:3↙
请输入三角形的第二条边长:4↙
请输入三角形的第三条边长:5↙
三角形的面积为：6. 00
```

2.6.3　总结和启示

本案例通过 Python 实现了海伦公式求任意三角形面积的功能。学生通过编写和测试该程序，可体验数学与编程结合的实际应用，还能锻炼逻辑思维和解决问题的能力。在编程过程中，每一个细节都至关重要。一个小小的错误可能会导致整个程序崩溃或产生不可预知的后果。我们应该以严谨的态度对待编程，养成精益求精、追求真理的科学精神。

2.7　本章小结

本章介绍了 Python 的基本语法，包括缩进、注释、语句续行符号、语句分隔符号，还介绍了 Python 的基本数据类型，包括数字类型、字符串类型、布尔类型，以及数据类型转换和内置数字处理函数。在 Python 中，可以通过逻辑运算符和关系运算符进行计算，运算符可以将不同类型的常量、变量、表达式等连接起来形成表达式。变量用于在程序中临时保存数据，被列表、字典和类的实例对象等对象共享引用，通过一个变量修改对象后，其他引用该对象的变量获得的是修改后的内容。输入函数可以从键盘读入数据，输出函数可以控制程序结果的输出格式。

综合实验

【实验目的】

1. 熟悉 Python 的基本语法元素。

2. 掌握选择语句的用法。

【实验内容】

在 IDLE 中创建一个 Python 程序，输入 3 个数，按从大到小顺序输出 3 个数。

具体操作步骤如下：

第 1 步，在 Windows 操作系统的"开始"菜单中选择"Python 3.12"→"IDLE"命令，启动 IDLE 交互环境。

第 2 步，在 IDLE 交互环境中选择"File"→"New"命令，打开源代码编辑器。

第 3 步，在源代码编辑器中输入如下代码：

```python
a=eval(input(' 请输入第 1 个数:' ))
b=eval(input('请输入第 2 个数:'))
c=eval(input('请输入第 3 个数:'))
if a<b:
    t=a
    a=b
    b=t
if a<c:
    t=a
    a=c
    c=t
if b<c:
    t=b
    b=c
    c=t
print(a,b,c)
```

第 4 步，按【Ctrl+S】组合键保存程序文件，将文件命名为 practice2. py。

第 5 步，按【F5】键运行程序，在 IDLE 交互环境中显示运行结果，如图 2-5 所示。

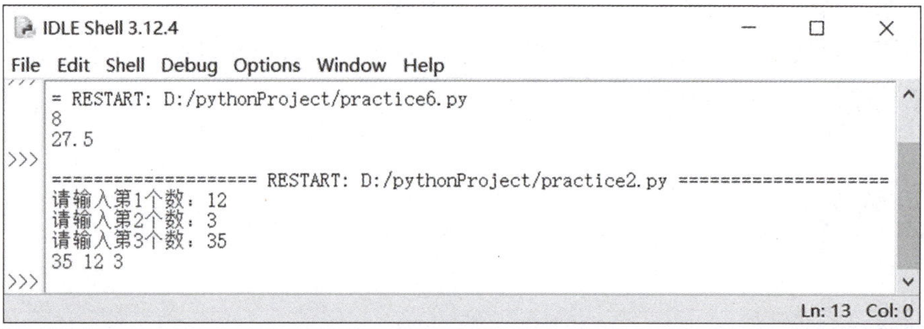

图 2-5　输入数据排序输出

【实验总结】

1. 收获

_____

_____

_____

2. 需要改进之处

_____

_____

_____

_____

习　题

扫描二维码
获取习题答案

一、选择题

1. 下列数据类型中，Python 不支持的是（　　　）。

A. char　　　　　　　B. int　　　　　　　C. float　　　　　　　D. list

2. Python 语句 "a＝121+1.21；print(type(a))" 输出的结果是（　　　）。

A. <class 'int'>　　　　　　　　　B. <class 'number'>

C. <class 'float'>　　　　　　　　D. <class 'double'>

3. Python 语句 "print(0xA+0xB)" 的输出结果是（　　　）。

A. 0xA+0xB　　　B. A+B　　　　C. 0xA0xB　　　D. 21

4. Python 中表达式 "sqrt(4)*sqrt(9)" 的值为（　　　）。

A. 36.0　　　　　　B. 1296.0　　　　C. 13.0　　　　D. 6.0

5. 关于 Python 字符串，下列说法错误的是（　　　）。

A. 字符即长度为 1 的字符串

B. 字符串以 '\0' 标志字符串结束

C. 既可以用单引号，又可以用双引号创建字符串

D. 在三引号字符串中可以包含换行、回车等特殊字符

二、编程题

1. 输入一个正整数 N，求 1+2+3+…+N 的累加和。

2. 求 1~100 的奇数和。

3. 阶梯电价。为了提倡居民节约用电，某电力公司执行"阶梯电价"，将安装一户一表的居民用户电价按照月用电量分为两个"阶梯"：在 50 千瓦时（含 50 千瓦时）以内，电价为 0.53 元/千瓦时；超过 50 千瓦时，则将超出部分用电量的电价上调 0.05 元/千瓦时。请编写程序计算电费。

第 3 章
Python 程序流程控制

与其他程序语言一样，Python 程序结构分为顺序结构、分支结构和循环结构三种。程序中的语句按照先后顺序执行的称为顺序结构。分支结构则根据条件执行不同的代码。循环结构重复执行相同的代码。Python 用 if 语句实现分支结构，用 for 语句和 while 语句实现循环结构，用 break 和 continue 等语句对循环进行控制。异常处理是一种用于处理程序错误的特殊控制结构，Python 使用 try…except…finally 结构实现异常处理。

本章要点

- 掌握 if、elif 和 else 语句的基本结构与用法。
- 掌握 for 与 while 循环语句的基本结构与用法。
- 掌握循环控制语句，如 break、continue、pass 语句等。
- 掌握嵌套循环，以及条件与循环的组合。
- 掌握异常处理方法。

3.1　程序的基本结构

程序由三种基本结构组成：顺序结构、分支结构、循环结构。这些基本结构都有一个入口和一个出口。任何程序都由这三种基本结构组合而成。

顺序结构是程序按照语句顺序从上往下依次执行各条语句的一种运行方式。顺序结构是程序的基础，但单一的顺序结构解决不了所有问题。因此，还需要分支结构和循环结构来控制和简化程序。

3.2　分支结构

分支结构是指程序根据条件执行不同的代码块，使用 if 语句实现。根据 if 语句语法格式，分支结构可分为三种：单分支结构、二分支结构和多分支结构。

3.2.1　单分支结构

单分支结构的条件语句结构：

```
if 条件:
    语句块 1
```

if 条件是一个布尔表达式，当布尔表达式为真时，就执行语句块 1，否则不执行语句块 1。条件语句由 if 开头，后接一个表示条件的逻辑表达式，以一个冒号（:）结尾。从下一行开始，缩进了的语句块就是当条件取值为真（True）时要执行的语句。如果条件不成立，就跳过这些语句，而继续执行下面的其他语句。

注意：if 之后的语句块必须保持相同的缩进，多一个或少一个都不行。

第 2 章中已经介绍过布尔表达式支持关系运算和逻辑运算，当布尔表达式为 False、None、0、" "、（）、[ ]、{ }时，会直接返回 False。换言之，标准值 False 和 None、所有类型的数字 0、空序列（如空字符串、元组和列表）及空字典都为假，其他情况均被解释为真，包括特殊值 True。

这里将使用关系运算表达式实现判断，返回值为 False 或 True。示例如下：

```
x = int(input( ))
y=z=0
if x>20:
    y = 100        #书写缩进,当 x>20 时执行
    z = 200        #书写缩进,当 x>20 时执行
print(y+z)         # if 语句后续的语句
```

运行程序，如果输入的值比 20 大，则条件满足，返回为真，此时 y＝100、z＝200，因此输出 300；否则，不执行 if 中的语句块，输出 0。

例如，编写一个程序模拟简易自动售票机的行为：根据用户的输入金额计算找零，并输出车票。示例如下：

```
#读入投币金额
amount = int(input('请投币:'))
if amount >= 10:
    #    打印车票
    print('*****************')
    print('* Python 城际铁路专线 *')
    print('*   票价:10 元      *')
    print('*****************')
    #    计算并打印找零
    print('找零:{}'. format(amount- 10))
```

运行结果：

```
请投币:100
*****************
* Python 城际铁路专线 *
*   票价:10 元      *
*****************
找零:90
```

在读入用户输入的金额（即 amount）之后，程序用一个 if 语句来判断输入的金额是否大于等于 10，只有大于等于 10 才会执行 if 语句里的打印车票和找零信息。

3.2.2 二分支结构

二分支结构的条件语句格式：

```
if 条件:
    语句块 1
else:
    语句块 2
```

在单分支的基础上增加了 else 分支，表示当 if 条件不满足时，会执行语句块 2。

注意：if 和 else 要对齐，语句块 1 和语句块 2 都要缩进，同一个语句块中缩进的空格数要相同。

例如，猜数游戏。假如猜测的数是 99，输入一个数字，然后用二分支结构进行判断。示例如下：

```
guess = int(input( ))
if guess == 99:
    print("猜对了")
else :
    print("猜错了")
```

3.2.3 多分支结构

多分支结构的条件语句格式：

```
if 条件 1:
  语句块 1
elif 条件 2:
  语句块 2
  …
elif 条件 n:
  语句块 n
else:
  语句块 n+1
```

其中，else 部分可以省略。多分支 if 语句执行时，按先后顺序依次计算各个条件表达式，若条件表达式的计算结果为 True，则执行相应的语句块，否则计算下一个条件表达式。若所有条件表达式的计算结果都为 False，则执行 else 相应的语句块（前提是 else 部分的语句块确实存在）。

注意：if、elif 和 else 必须在同一列对齐。同一个语句块中缩进的空格数要相同。

分段函数在成绩统计中也是常见的，比如下面的这个函数：

$$f(x) = \begin{cases} D, & x \leqslant 70 \\ C, & 70 < x \leqslant 80 \\ B, & 80 < x \leqslant 90 \\ A, & x > 90 \end{cases}$$

用 Python 多分支结构实现的示例如下：

```
score = eval(input('请输入成绩:'))
if score <= 70:
    grade = 'D'
elif score <= 80:
    grade = 'C'
elif score <= 90:
    grade = 'B'
else:
```

```
grade = 'A'
print("输入成绩属于级别：{}". format(grade))
```

在做了前面的3次判断（score <= 70、score <= 80、score <= 90）之后，在最后一个else后面就不再需要判断了，因为之前的判断已经穷尽了所有的其他可能性，剩下的就是score > 90的情况。

在该代码中，用一个变量grade记录各种情况下的结果，最后统一用一条输出语句来输出这个grade的值，而不是在各个if、elif、else语句块中输出。这种编程风格叫作单一出口，其好处是方便将来在此基础上进行扩展。

3.2.4 if⋯else 三元表达式

if⋯else 三元表达式类似 if⋯else 语句，适用于简单表达式的二分支结构，其条件表达式是三元的，因为它需要三个值：条件满足时的值、条件、条件不满足时的值。if⋯else 三元表达式的语法格式如下：

<表达式1> if <条件> else <表达式2>

当条件表达式的结果为 True 时，将表达式1的值作为三元表达式的结果；否则，将表达式2的值作为三元表达式的结果。示例如下：

```
>>> a=2
>>> b=5
>>> x=a if a<b else b
>>> x
2
>>> x=a if a>b else b
>>> x
5
```

Python 还支持列表三元表达式，其语法格式如下：

[表达式1, 表达式2] [条件表达式]

当条件表达式的计算结果为 False 时，将表达式1的值作为三元表达式的值；否则，将表达式2的值作为三元表达式的值。示例如下：

```
>>> x=10
>>> y=20
>>> [x,y] [x<y]
20
>>> [x,y] [x>y]
10
```

3.2.5　if 嵌套

当 if 的条件满足或者不满足时，要执行的语句也可以是一条 if 语句或 if…else 语句，这就是嵌套的 if 语句，基本形式如下：

```
if 条件 1:
    满足条件 1 做的事情 1
    满足条件 1 做的事情 2
    ……
    if 条件 2:
        满足条件 2 做的事情 1
        满足条件 2 做的事情 2
        ……
```

示例如下：

```
if code == 'R':
    if count < 20:
        print('一切正常')
    else:
        print('继续等待')          #当 code 为 R,并且 count>=20 时执行
else:
    print('继续等待')          #当 code 不为 R 时执行
```

当 code 为 R 时，判断 count 是否小于 20，从而做出不同的动作。

在嵌套 if 语句里，最重要的问题是 else 的匹配。else 总是根据它所处的缩进和同列的最近的那个 if 语句匹配。在上面的示例代码中，第一个 else 与"if count<20"匹配。

例如，某公司招聘人才需要应聘者在网上报名，报名之后才可以参加公司的笔试、面试，只有笔试、面试成绩都合格才能被公司录取。在这个过程中，后面的判断是在前面判断成立的基础进行的，针对这种情况，需要使用 if 嵌套。示例如下：

```
enroll=1                #用 1 代表报名,用 0 代表没有报名
written =75             #笔试成绩
interview =82           #面试成绩
if enroll==1:
    if written>=60:
        if interview >=60:
            print("恭喜您被录取了!")
        else:
            print("不好意思,您的面试成绩还差了点,再接再厉!")
    else:
```

```
        print("不好意思,您的笔试成绩没有通过,再接再厉!")
else:
        print("您没有网上报名,不能参加招聘考试。")
```

运行结果:

```
    恭喜您被录取了!
```

假设 enroll＝0, 则程序运行结果如下:

```
您没有网上报名,不能参加招聘考试。
```

假设 enroll＝1, written = 50, 则程序运行结果如下:

```
不好意思,您的笔试成绩没有通过,再接再厉!
```

以上是一个三层的 if 嵌套。通过上面的程序可知, 只有最外层的条件满足, 才会进入内层的条件判断。

3.3 循环结构

Python 使用 for 语句和 while 语句实现循环结构。

3.3.1 for 循环

如果有一个序列需要按照顺序遍历其中的每个单元, 就可以用 for 循环来实现。

1. for 循环的基本结构

for 循环的语法格式:

```
for 变量 in 序列:
    循环语句
```

在循环的每一轮, 依次将序列中的一个值赋值给<变量>, 该操作称为迭代。对序列中的最后一个值执行缩进代码块后, 程序继续执行非缩进代码块。

for 循环对字符串、列表的遍历的示例如下:

```
>>> for a in ['e','f','g']:
…print(a)
…
e
f
g
>>> for a in 'string':
…    print(a)
```

```
...
s
t
r
i
n
G
```

2. 使用 range( ) 函数

考虑到实际使用的数值范围经常变化，Python 提供了一个内置的 range( ) 函数，它可以生成一个数字序列。其语法格式如下：

```
for i in range([start,]end[,step]):
        执行循环语句
```

其中，start 和 step 参数可以省略，start 默认为 0，step 为步长，默认为 1。只指定一个参数 end 时，生成的整数范围为 0～end-1。指定两个参数（start 和 end）时，生成的整数范围为 start～end-1。

程序执行 for 循环的过程如下：

（1）将循环计时器变量 i 设置为 start。

（2）执行循环语句。

（3）i 按指定的步长 step（不指定时默认为 1）递增或递减。

（4）当 i 小于 end 时，继续执行循环。

（5）当 i 等于 end 时，循环结束。

示例如下：

```
>>> for i in range(3):
        print(i)

0
1
2
>>> for i in range(- 2,2):
        print(i)

- 2
- 1
0
1
>>> for i in range(0,6,2):
        print(i)
```

```
0
2
4
>>> for i in range(6,0,- 2):
    print(i)


6
4
2
```

range()函数经常和 len()函数一起用于遍历整个序列。len()函数能够返回一个序列的长度，语句"for i in range(len(L))"能够迭代整个列表 L 的元素的索引。

直接使用 for 循环也可以实现这个功能，但是直接使用 for 循环难以对序列进行修改，这是因为每次迭代调取的元素并不是序列元素的引用，而通过 range()函数和 len()函数可以快速通过索引访问序列并对其进行修改。

示例如下：

```
#直接使用 for 循环难以改变序列元素
L = [1,2,3]
for a in L:
    a+=1            #a 不是引用,L 中对应的元素没有发生改变
print(L)


# range( )与 len( )函数遍历序列并修改元素
for i in range(len(L)):
    L[i]+=1         #通过索引访问
print(L)
```

运行结果：

```
[1, 2, 3]
[2, 3, 4]
```

3. 多变量迭代

在 for 循环中可用多个变量迭代序列对象。示例如下：

```
>>> for (a,b) in ((1,2),(3,4),(5,6)):          #等价于 for a,b in ((1,2),(3,4),(5,6)):
    print(a,b)


1 2
3 4
5 6
```

与赋值语句类似，可以用"＊"表示为变量赋值一个列表。示例如下：

```
>>> for (a, * b) in ((1,2,'abc'),(3,4,5)):
    print(a,b)

1 [2,'abc']
3 [4,5]
```

4. 列表解析

列表解析与循环紧密相关。通过下面的例子来介绍如何用 for 循环来修改列表：

```
>>> li=[1,2,3,4]
>>> for x in range(4):
    li[x] = li[x] +10
```

使用列表解析代替上面代码中的 for 循环。示例如下：

```
>>> li
[11, 12, 13, 14]
>>> li=[1,2,3,4]
>>> li=[x+10 for x in li]
>>> li
[11, 12, 13, 14]
```

列表解析的基本结构如下：

```
表达式 for 变量 in 可迭代对象 if 表达式
```

1）带条件的列表解析

可以在列表解析中使用 if 表达式设置筛选条件。示例如下：

```
>>> [x+1 for x in range(10) if x%2==0]
[1, 3, 5, 7, 9]
```

2）多重解析嵌套

列表解析支持嵌套。示例如下：

```
>>> [x+y for x in (10,20) for y in (1,2,3)]
[11, 12, 13, 21, 22, 23]
```

嵌套时，Python 对第 1 个 for 循环中的每个 x 执行嵌套 for 循环。可通过下面代码的嵌套 for 循环来生成上面的列表：

```
>>> li=[]
>>> for x in (10,20):
        for y in (1,2,3):
            li. append(x+y)

>>> li
[11, 12, 13, 21, 22, 23]
```

对嵌套的解析，也可以分别使用 if 表达式执行筛选。示例如下：

```
>>> [x+y for x in (10,20)   if x%2==0 for y in (1,2,3) if y%2!=0]
[11, 13, 21, 23]
```

3）列表解析用于生成元组

示例如下：

```
>>> tuple(x∗2 for x in range(5))
(0, 2, 4, 6, 8)
>>> tuple(x∗2 for x in range(10) if x%2==1)
(2, 6, 10, 14, 18)
```

4）列表解析用于生成集合

示例如下：

```
>>> {x for x in range(5)}
{0, 1, 2, 3, 4}
>>> {x for x in range(10) if x%2==0}
{0, 2, 4, 6, 8}
>>>
```

5）列表解析用于生成字典

示例如下：

```
>>> li=['apple','orange','banana','tomato']
>>> {li. index(x):x for x in li}
{0: 'apple', 1: 'orange', 2: 'banana', 3: 'tomato'}
```

3.3.2　while 循环

循环语句可以重复执行部分语句（循环语句/循环体），while 语句也是一种循环语句，根据一个逻辑条件（循环条件）进行判断，在条件成立时执行循环语句，若不成立就结束循环。while 循环的语法格式如下：

```
while 条件表达式:
    语句块 1
```

只要条件表达式为真，那么语句块 1 将被执行，执行完毕后，再次计算条件表达式，如果结果仍然为真，那么再次执行语句块 1，直至条件表达式为假。while 后面紧跟的语句（或语句块）就是循环体。

注意：

（1）在循环体内的语句书写必须缩进。

（2）在循环体内部，应该有改变循环条件的语句，以控制循环的次数，避免产生无限循环（死循环）。

例如，循环从 10 到 1 倒计数，示例如下：

```
count = 10
while count > 0:
    print(count)
    count - = 1
print('发射！')
```

一开始，count 的值是 10，条件满足，执行循环体。在循环体内输出当前的 count 值，然后 count-1。接着，重新判断条件，这时 count 的值是 9，条件满足，继续循环。重复这个过程，直到 count 等于 1，条件仍满足，执行循环体，输出 count 的值 1，然后 count-1，于是 count 得到了 0 值。这时候判断条件，count>0 不满足，于是循环结束，执行循环后面的语句，输出"发射！"

运行结果：

```
10
9
8
7
6
5
4
3
2
1
发射！
```

若 while 条件的布尔值一直为真，就会无限次循环。示例如下：

```
>>>i = 0
>>>while True:
    i += 1
```

```
        print('第%d 次循环'%i)


第 1 次循环
第 2 次循环
第 3 次循环
第 4 次循环
第 5 次循环
......
```

上面的程序会一直循环下去，此时可以使用【Ctrl+C】组合键来中断执行。在实际应用中，无限次循环通常需要结合 break 语句来跳出循环。break 语句将在 3.3.4 节进行介绍。

3.3.3　嵌套循环

嵌套循环，顾名思义，就是在一个循环中嵌入另一个循环。Python 允许在一个循环体内嵌入另一个循环体。例如：

（1）可以在 for 循环中嵌入 for 循环。

（2）可以在 for 循环中嵌入 while 循环。

（3）可以在 while 循环中嵌入 for 循环。

（4）可以在 while 循环中嵌入 while 循环。

在 while 循环中嵌入 while 循环的语法格式如下：

```
while 条件 1:
    条件 1 满足时,做的事情 1
    条件 1 满足时,做的事情 2
    ......
    while 条件 2:
        条件 2 满足时,做的事情 1
        条件 2 满足时,做的事情 2
        ......
```

while 循环嵌套的示例如下：

```
i = 1
while i <= 3:
    print("外层循环输出 i 的值:%s" % i)
    i += 1
    j = 1
    while j <= 2:
        print("内层循环输出 j 的值:%s" % j)
        j += 1
```

运行结果：

```
外层循环输出 i 的值：1
内层循环输出 j 的值：1
内层循环输出 j 的值：2
外层循环输出 i 的值：2
内层循环输出 j 的值：1
内层循环输出 j 的值：2
外层循环输出 i 的值：3
内层循环输出 j 的值：1
内层循环输出 j 的值：2
```

可以看出，在嵌套循环的执行过程中，该代码外层循环体语句执行了 3 次，而内层循环体语句执行了 6 次。

Python 允许使用 for 循环嵌套。例如，输出 20 以内的素数（即除了 1 和它本身之外不能被其他数整除的数），示例如下：

```python
prime=[]
for x in range(2,21):
    isprime = True
    for k in range(2,x):
        if x % k == 0:
            isprime = False
            break
    if isprime:
        print(x,end=" ")
```

运行结果：

```
2 3 5 7 11 13 17 19
```

3.3.4 循环控制语句

Python 中的循环还可以结合 break 语句、continue 语句、pass 语句、else 语句一起使用。

（1）break 语句：用于结束整个循环。

for 循环中使用 break 语句的示例如下：

```python
for i in range(5):
    if i==3:        #当 i 为 3 时跳出循环
        break
    print(i)
```

运行结果：

```
0
1
2
```

while 循环中使用 break 语句的示例如下：

```
s=0
while True:
    s += 1
    if s==6:
        break
print(s)
```

运行结果：

```
6
```

（2）continue 语句：continue 的作用是结束本次循环，接着执行下一次循环。
for 循环中使用 continue 语句的示例如下：

```
for i in range(5):
    if i==3:
        continue
    print(i)
```

运行结果：

```
0
1
2
4
```

while 循环中使用 continue 语句的示例如下：

```
s=3
while s>0:
    s = s - 1
    if s == 1:
        continue
    print(s)
```

运行结果:

```
2
0
```

注意: break 语句、continue 语句为循环内的控制语句,只能用在循环语句中,不能单独使用。如果用在嵌套循环语句中,则只对最近的一层循环起作用,即停止执行最深层的循环,并开始执行下一行代码。

(3) pass 语句是空语句:其用于保持程序结构的完整性。可将 pass 语句的作用理解为不做任何事情,相当于一个占位符。

for 循环中使用 pass 语句的示例如下:

```
for i in range(5):
    if i==3:
        pass
    print(i)
```

运行结果:

```
0
1
2
3
4
```

(4) else 语句:else 语句可以和循环语句结合使用,并且 else 语句在循环正常结束后执行。else 语句应与对应的 while 语句或 for 语句左边对齐。

else 语句与 while 语句结合使用的示例如下:

```
i=0
while i<3:
    print("第%s 循环" % (i + 1))
    i += 1
else:
    print("循环结束啦~")
```

else 语句与 for 语句结合使用的示例如下:

```
for i in range(3):
    print("第%s 循环"%(i+1))
else:
    print("循环结束啦~")
```

运行结果：

```
第 1 循环
第 2 循环
第 3 循环
循环结束啦~
```

如果用 break 语句跳出循环，则不会执行 else 语句部分。示例如下：

```
i=0
while i<3:
    if i==1:
            break;
    print("第%s 循环" % (i + 1))
    i += 1
else:
    print("循环结束啦~")
```

运行结果：

```
第 1 循环
```

3.4 异常处理

3.4.1 异常简介

异常是指程序在运行过程中发生的错误，异常会导致程序意外终止。异常处理可捕捉程序中发生的异常，对其执行相应的处理代码就可避免程序意外终止。程序中的语法错误不属于异常。

示例如下：

```
>>> short_list = [1,72,3]
>>> position = 6
>>> short_list[position]
Traceback (most recent call last):
   File "<pyshell#2>", line 1, in <module>
     short_list[position]
IndexError: list index out of range
```

在运行该代码时，程序访问了不存在的列表元素，从而发生下标越界异常。

3.4.2 捕捉异常：try…except

try…except 语句定义了监控异常的一段代码，并提供了处理异常的机制。

如果有多个异常，则其语法格式如下：

```
try：
    #语句块
except 异常名称 1：
    #异常处理代码 1
except 异常名称 2：
    #异常处理代码
    …
```

当程序中出现大量异常时，捕获这些异常是非常麻烦的。对此，我们可以在 except 子句中不指明异常的类型，这样不管发生何种类型的异常都会执行 except 语句里面的处理代码。基本结构如下：

```
try：
        #语句块
except：
        #异常处理代码
```

示例如下：

```
short_list = [1, 72, 3]
position = 6
try:
    print(short_list[position])
except:
    print('索引应该在 0 和', len(short_list)-1,"之间,然而是",position)
```

运行结果：

```
索引应该在 0 和 2 之间,然而是 6
```

有时需要处理异常类型以外的其他异常细节，此时可以使用下面的格式来获取整个异常对象：

```
except Exception as name
```

示例如下：

```
try：
    a=2/0
```

```
except (ZeroDivisionError, ValueError) as result:
    print("捕捉到异常:% s"% result)
```

运行结果：

捕捉到异常:division by zero

3.4.3 没有捕捉到异常：else

如果 try 语句没有捕捉到任何错误信息，就不再执行任何 except 语句，而是执行 else 语句。其语法格式如下：

```
try：
        #可能引发异常的代码
except 异常类型名称：
        #异常处理代码
else：
        #没有发生异常时执行的代码
```

3.4.4 异常终止：try…finally

在程序中，无论是否捕捉到异常，都必须执行某件事情，如关闭文件、释放锁等，这时可以使用 finally 语句进行处理。通常情况下，finally 语句用于释放资源。其语法格式如下：

```
try:
    语句块 1
except 异常类型 1:
    异常处理语句块 2
except 异常类型 2:
    异常处理语句块 3
……
except 异常类型 n:
    异常处理语句块 n+1
except:
    异常处理语句块 n+2
else:
    没有发生异常时,执行语句块 n+3
finally:
    不管是否发生异常,都会执行语句块 n+4
```

正常程序在语句块 1 中执行。如果程序执行中发生异常，则中止程序运行，跳转到所对应的异常处理块中执行。在"except 异常类型"语句中找对应的异常类型，如果找到，就执行后面的语句块；如果找不到，则执行 except 后面的语句块 $n+2$。如果程序正常执行没有发生异常，则继续执行 else 后面的语句块 $n+3$。无论异常是否发生，最后都执行 finally 后面的语句块 $n+4$。

例如，对于除数为 0 的异常进行处理，示例如下：

```
x = int(input( ))
y = int(input( ))
try:
    result = x / y
except ZeroDivisionError:
    print("division by zero!")
else:
    print("result is ", result)
finally:
    print("executing finally clause")
```

程序输入：

```
5↙
0↙
```

程序输出：

```
division by zero!
executing finally clause
```

3.4.5 raise 语句

raise 语句的语法如下：

```
raise 异常类名
raise 异常类实例对象
raise
```

Python 执行 raise 语句时，会引发异常并传递异常类的实例对象。

1. 用类名引发异常

在 raise 语句中指定异常类名时，会创建该类的实例对象，然后引发异常。示例如下：

```
>>>raise IndexError
Traceback (most recent call last):
  File "<stdin>", line 1, in <module>
IndexError
```

2. 用异常类实例对象引发异常

示例如下：

```
>>>x＝IndexError( )
>>>raise x
Traceback(most recent call last):
    File "<stdin>", line 1, in <module>
IndexError
```

3. 传递异常

不带参数的 raise 语句可再次引发刚发生过的异常，其作用就是向外传递异常。示例如下：

```
>>>try:
…       raise IndexError           #引发 IndexError 异常
…   except:
…       print('出错了')
…       raise                      #再次引发 IndexError 异常
…
出错了
Traceback (most recent call last):
    File "<stdin>", line 2, in <module>
IndexError
```

4. 指定异常信息

在使用 raise 语句引发异常时，可以为异常类指定描述信息。示例如下：

```
>>>raise IndexError("索引错误描述信息")
Traceback (most recent call last):
    File "<stdin>", line 1, in <module>
IndexError: 索引错误描述信息
>>>raise TypeError("类型错误描述信息")
Traceback(most recent call last):
    File "<stdin>", line 1, in <module>
TypeError: 类型错误描述信息
```

3.4.6　assert 语句

assert 语句的基本格式如下：

```
assert 条件表达式,data
```

assert 语句在条件表达式的值为 False 时引发 AssertionError 异常，data 为异常描述信息。示例如下：

```
>>>x=0
>>>assert x!=0,"x 不能等于 0"
Traceback (most recent call last):
   File "<input>", line 1, in <module>
AssertionError: x 不能等于 0
```

下面用 try…except 语句捕捉 assert 语句引发的 AssertionError 的异常。示例如下：

```
try:
      x=0
      assert x!=0,"变量 x 的值不能为 0"
except Exception as ex:
      print("异常信息:",ex)
```

运行结果：

```
异常信息: 变量 x 的值不能为 0
```

3.5 案例：天天向上的力量

3.5.1 案例任务

任务 1：计算工作日进步 1%、周末退步 1% 的水平，并与每天进步 1% 的水平进行比较

每周 5 个工作日努力工作，每天进步 1%。2 个休息日不工作，每天退步 1%，效果如何呢？

任务 2：休息日不学习，计算工作日进步多少，才能达到每天进步 1% 的水平。

如果双休日休息，每天退步 1%，那么工作日要努力到什么程度，一年后的水平才能与每天努力 1% 取得的效果一样呢？

3.5.2 案例分析和实现

1. 案例分析

任务 1：如果工作日每天进步 1%，休息日每天退步 1%，求一年（按 365 天计）后进步了多少？分析实现过程如下：

（1）采用 for 循环实现，循环 365 次。

（2）循环体中需要判断是否是休息日。由于每周是 7 天，因此判断是工作日还是休息

日可以通过循环变量对 7 取余来实现，余数为 0 和 6 则为周日和周六，否则为工作日。

（3）累计的结果从 1 开始，循环体中，在工作日分支中用累计的结果乘以（1+0.01），休息日则用累计的结果乘以（1−0.01）。

（4）每天进步 1%，既可以用循环实现，也可以直接用幂运算，这里直接采用幂运算。

任务 2：休息日不学习，计算工作日进步多少，才能达到每天进步 1% 的水平？工作日进步多少是不确定的，可以采用试错法，采用循环实现，先从工作日进步 1% 开始，计算一年后是否达到每天进步 1% 的水平，如果没有达到，则在原来进步的基础上再增加 0.1%，再次进行循环计算，一次次尝试，直到达到了每天进步 1% 的水平，则结束循环。分析实现过程如下：

（1）循环次数不明确，循环条件明确，则采用 while 循环。循环结束条件是计算结果小于每天进步 1% 的水平（即 37.78）。

（2）在 while 循环体中，每次试错计算工作日进步 f，对于一年进步的水平计算实现可参考任务 1，采用 for 循环实现。

（3）这里的 f 初始值为 0.01，在 while 循环体中，内层 for 循环结束后 f 会增加 0.01，继续用 f+0.01 进行下一次循环，即进行下一次的试错计算。

2. 案例实现

任务 1 的实现代码如下：

```python
up, f =1.0, 0.01
for i in range(365):
    ifi %  7 in [6,0]:
        up  =  up *(1-  f)
    else:
        up  =  up *(1+f)
print("工作日的力量:{:. 2f}". format(up))
```

运行结果如下：

```
工作日的力量:4. 63
```

如果每天进步 1%，1 年后进步的水平为 $1.01^{365} = 37.78343433288728$。

任务 2 的实现代码如下：

```python
up=1. 0
f=0. 01
while(up<37. 78):
    up=1. 0
```

```
        for i in range(365):
            if i%7 in[6,0]:
                up=up*(1-0.01)
            else:
                up=up*(1+f)
        f+=0.01
print("努力系数:{:.2f}".format(f-0.01))
```

运行结果如下：

努力系数:0.02

3.5.3　总结和启示

从上面程序的结果可以看出，工作日学习、休息日不学习，一年下来，与每天都学习的差距甚远；要想实现休息日不学习也能达到每天进步1%的效果，那么工作日需要付出双倍的努力。

上述案例给我们的启示：天天向上意味着每天都要有进步，需要持之以恒的努力。只有坚持不懈地付出，才能取得真正的进步和成功。这需要我们保持积极进取的态度，勇于挑战自我、克服困难，不满足于现状，始终保持向上的精神状态。只有这样，我们才能在日新月异的时代中不断进步，实现自己的人生价值，为社会发展做贡献。

3.6　本章小结

本章详细介绍了 Python 程序流程控制结构——if 分支结构、for 循环分支结构和 while 循环结构，以及循环控制语句。if 语句、for 循环和 while 循环的语法简单，可通过组合（或嵌套）来实现各种从简单到复杂的程序逻辑结构。

当程序运行时，如果使用 try…except 语句捕捉到异常，程序就会跳转到异常处理代码部分执行；如果没有捕捉到程序运行时的异常，那么程序会意外终止。

综合实验

【实验目的】
掌握分支结构和循环结构的使用方法。
【实验内容】
对于 10~16 中的数 x，判断其是否为质数，如果是质数，则输出"x 是一个质数"。

分析实现过程如下：

（1）编写 for 循环，遍历 range(10,16)。

（2）对于循环中的每个数 x，判断其是否为质数。采用 for 循环遍历 range(2,x)，判断 x%i 能否整除。只要有一个能整除，则 x 不是质数，采用 break 语句退出此次内层循环；若某个数全部都不能整除，则 x 是质数，输出"x 是一个质数"。

具体操作步骤如下：

（1）在 Windows 操作系统的"开始"菜单中选择"Python 3.12"→"IDLE"命令，启动IDLE 交互环境。

（2）在 IDLE 交互环境中选择"File"→"New"命令，打开源代码编辑器。

（3）在源代码编辑器中输入下面的代码：

```python
for x in range(10,16):
    for i in range(2,x):
        if x%i == 0:
            break
    else:
        print(x,'是一个质数')
```

（4）按【Ctrl+S】组合键保存程序文件，将文件命名为 practice3. py。

（5）按【F5】键运行程序，在 IDLE 交互环境显示了运行结果，如图 3-1 所示。

```
IDLE Shell 3.12.4                                    —    □    ×
File  Edit  Shell  Debug  Options  Window  Help
Python 3.12.4 (tags/v3.12.4:8e8a4ba, Jun  6 2024, 19:30:16) [MSC v.1940
64 bit (AMD64)] on win32
Type "help", "copyright", "credits" or "license()" for more information.
>>>
= RESTART: D:/pythonProject/practice3.py
11 是一个质数
13 是一个质数
>>>
                                                        Ln: 7  Col: 0
```

图 3-1　程序 practice3. py 的运行结果

【实验总结】

1. 收获

_____

_____

_____

_____

2. 需要改进之处

_____

_____

_____

_____

习 题

扫描二维码
获取习题答案

一、选择题

1. 下面的语句中，不能用于实现程序基本结构的是（   ）。

A. if 语句   B. for 语句   C. while 语句   D. try 语句

2. continue 语句用于（   ）。

A. 退出循环程序   B. 结束本次循环

C. 空操作   D. 引发异常处理

3. 下面程序中的语句"print(i∗j)"共执行了（   ）次。

```
for i in range(5):
    for j in range(2,5):
        print(i ∗ j)
```

A. 15   B. 14   C. 20   D. 12

4. 执行下面的语句，print 语句循环执行了（   ）次。

```
print("打卡开始")
count = 1                          #定义一个整数,表示读取该用户的次数
while count < 9:
    print("第",count,"次循环")
    if count == 6:
        break
    count =count + 1
```

A. 8   B. 6   C. 9   D. 7

5. 下列关于异常处理的说法错误的是（   ）。

A. 异常在程序运行时发生

B. 程序中的语法错误不属于异常

C. 异常处理结构中的 else 部分的语句始终会执行

D. 异常处理结构中的 finally 部分的语句始终会执行

二、编程题

1. 编写程序，输出下面两种图案。

```
*                              *
* *                          * * *
* * *                      * * * * *
* * * *                  * * * * * * *
* * * * *              * * * * * * * * *
    （a）                     （b）
```

2. 从键盘任意输入一个正整数 *n*，并找出大于 *n* 的最小素数。

3. 使用嵌套循环实现九九乘法法则。

4. 输入一个 4 位的整数，判断其是否为闰年。说明：能被 4 整除但不能被 100 整除，或者能被 400 整除的年份为闰年。

第 4 章
使用字符串、列表和元组

在 Python 中，字符串、列表和元组都属于序列。序列是一大类数据容器的统称，不是具体的数据类型。这一类容器中可包含多个数据元素，容器中的数据元素有先后次序，每个元素可通过其下标（即索引）来访问，也可以对其进行特定的操作。本章主要介绍如何使用字符串、列表和元组。

本章要点

- 认识 Python 序列，掌握其通用的操作。
- 掌握字符串的创建、字符转义，以及常见的处理函数、格式化操作。
- 掌握列表的创建，以及增加、删除、修改、查询等操作。
- 掌握元组与列表的区别，以及取值操作。

4.1　序列

4.1.1　什么是序列

为满足程序中复杂的数据表示，Python 支持组合数据类型，可以将一批数据作为一个整体进行数据操作，这就是数据容器的概念。

序列是其中一大类数据容器的统称，不是具体的数据类型。这一类容器可包含多个数据元素，容器中的数据元素有先后次序，每个数据被分配一个序号，通过这个序号可以访问其中的每个数据，这个序号称为索引或下标。

Python 中的字符串、列表、元组都属于序列，所有序列都可以进行某些特定的操作。例如：序列可以通过索引、分片的方式进行访问；序列可以进行加、乘及检查某个元素是否属于序列的运算；序列可以通过内建函数计算序列长度、找最大（最小）元素。序列的通用操作如表 4-1 所示。

表 4-1　序列的通用操作

操作	说明
X1+X2	连接序列 X1 和 X2，生成新序列
X * n	序列 X 重复 n 次，生成新序列
X[i]	引用序列 X 中下标为 i 的成员
X[i:j]	引用序列 X 中下标为 i 到 j-1 的子序列
X[i:j:k]	引用序列 X 中下标为 i 到 j-1 的子序列，步长为 k
len(X)	计算序列 X 中的成员的个数
max(X)	序列 X 中的最大值
min(X)	序列 X 中的最小值
v in X	检查 v 是否在序列 X 中，返回布尔值
v not in X	检查 v 是否不在序列 X 中，返回布尔值

4.1.2　序列的访问

如果访问单个序列数据，则采用索引的方式；如果访问一部分序列数据，则采用切片的方式。

1. 访问单个序列数据

序列中的数据叫作元素或单元。序列中的所有数据都是有顺序的，可以通过其下标来访问。序列的下标从左往右依次为 0,1,2,3…。其中，0 表示第一个元素，1 表示第二个元素，依次类推。通常，如果访问的元素位置靠左，则建议采用此方法。此外，序列的下标还可以从右往左依次为-1,-2,-3…。其中，-1 表示最后一个元素，-2 表示倒数第二个元素，依次类推。通常，如果访问的元素位置靠右，则建议采用此方法。

我们用[ ]来访问序列中的一个元素。示例如下：

```
>>> s='hello'
>>> print(s[0])
h
```

这里，'hello'用一对单引号括起来的部分就是一个字符串，它也是序列的一种，对这个字符串做［0］操作，就可以得到第一个元素，也就是字符串中的第一个字符。在[ ]中的数字就是要访问的元素的下标，最小的下标是0，最大的下标是这个序列的元素个数减1。示例中的字符串s由5个字符组成，即h、e、l、l、o，其下标从0开始，依次为0、1、2、3、4，所以s的最大下标为4。示例如下：

```
>>> print(s[4])
o
```

如果下标的值为负数，则表示从序列的最后一个元素往前引用，最后一个元素的下标是-1，倒数第二个是-2，依次类推。示例如下：

```
>>> s='hello'
>>> print(s[-1],s[-4])
o e
```

假设序列中的元素个数是 n，则下标的有效范围是0~n-1，或者-1~-n，否则会发生下标越界错误。示例如下：

```
>>> print(s[5])
Traceback (most recent call last):
  File "<pyshell#7>", line 1, in <module>
    print(s[5])
IndexError: string index out of range
```

2. 访问一部分序列数据

如果要访问序列中的一部分元素，则可以使用切片（slice）。切片通过冒号分隔两个索引来实现。基本语法格式一：

```
X[i:j]
```

其表示引用序列 X 中下标为 i 到 j-1 的子序列。

基本语法格式二：

```
X[i:j:k]
```

其表示引用序列 X 中下标为 i 到 j-1 的子序列，步长为 k。

示例如下：

```
>>> a = [2,3,5,7,11,13]
>>> print(a[1:3])
[3, 5]
```

其中，a 是用"[ ]"括起来的多个数值，每个值之间用逗号","分隔，这样的数据类型称为列表，列表也是序列的一种。切片 a[1:3] 表示包含从索引 1 开始，到索引 3 前一个元素的子序列，即 a[1]、a[2] 这两个元素组成的子序列。注意：索引为 3 的元素并不进入切片。顾名思义，切片就是要在冒号分隔的两个值前面"切"一刀来分隔这个序列，如图 4-1 所示。

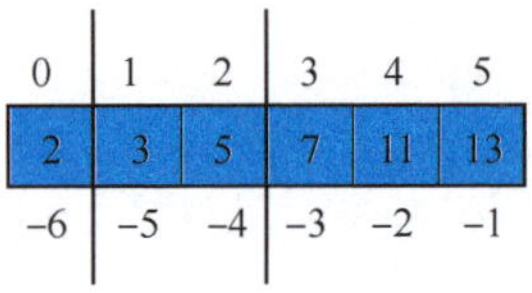

图 4-1　切片示意图

访问单个数据时，可以使用负的索引值；同理，访问切片时也可以使用负索引值。示例如下：

```
>>> a[1:- 3]
[3,5]
```

要想获得从某个索引开始的所有数据，那么采用前面切片的方式指定起始索引和结束索引的方式是不可行的，因为切片得到的子序列不包括结束索引的元素。因此，要获得包括最后一个元素的切片，可以采用省略第二个索引的方法。示例如下：

```
>>> a[2:]
[ 5, 7, 11, 13]
```

其中，a[2:] 表示从下标为 2 的元素开始到最后一个元素的切片。

如果需要获取序列的最后几个数据，也可采用逆向方式，这样切片会很方便。示例如下：

```
>>> a[- 2:]
[ 11, 13]
```

与此类似，如果要从下标为 0 的元素开始进行切片，则起始索引可以省略。示例如下：

```
>>> a[:3]
[2, 3, 5]
>>> a[:- 2]
[2, 3, 5, 7]
```

切片还可以使用第 3 个参数，该参数表示切片选择元素的步长。示例如下：

```
>>> a[0:5:2]
[2, 5, 11]
```

其中，第 3 个参数 2 表示每 2 个数据取一个来做切片，因此 3 和 7 被略过了。

如果第 3 个参数为负数，则表示逆向取切片。示例如下：

```
>>> a[- 1:0:- 1]
[13, 11, 7, 5, 3]
```

该代码表示从最后一个元素开始进行逆向切片，这里的第二个索引位置的元素不包含在切片结果中，所以以索引 0 位置的值（即第一个元素 2）没有出现在结果切片中。如果要将整个序列逆序输出，则可使用如下代码：

```
>>>a[::- 1]
[13, 11, 7, 5, 3, 2]
>>> a[::- 2]
[13, 7, 3]
```

注意：逆向取切片时，两个下标与正向切片是相反的（即从右往左切片），因此第一个下标应位于第二个下标的右边。示例如下：

```
>>> a[5:1:- 1]
[13, 11, 7, 5]
```

另外，还可以复制一个序列，通过赋值来实现。如果将一个序列变量赋值给另一个变量，则这两个变量表达同一个序列。如果对其中一个序列内容做了修改，则通过另一个序列也会看到这个修改。示例如下：

```
>>> a = [2, 3, 5, 7, 11, 13]
>>> b = a
>>> b[0] = 1
>>> print(a)
[1, 3, 5, 7, 11, 13]
```

复制序列时，如果希望两个变量各自拥有独立的序列，则可使用切片。示例如下：

```
>>> a = [2, 3, 5, 7, 11, 13]
>>> b = a[:]
>>> b[0] = 1
>>> print(a)
[2, 3, 5, 7, 11, 13]
```

注意： a[:]表示从头到尾的整个序列被"切"出来作为一个新的序列，因此与原来的序列 a 是两个独立的序列。

4.1.3 序列的运算符

对两个序列可以进行加和乘运算，但它们的作用与数值计算不同。

Python 中的序列支持加（+）、乘（∗）等运算符。

1. 加（+）：连接两个序列

对两个序列做加法，如"X1+X2"，表示将序列 X1 和序列 X2 连接，并保持原有的顺序不变，生成新序列。示例如下：

```
>>> a = [2,3,5,7,11,13]
>>> b = [4,6,8,9,10,12]
>>> print(a + b)
[2, 3, 5, 7, 11, 13, 4, 6, 8, 9, 10, 12]
>>> 'hello'+'world'
'helloworld'
>>> [1,2,3]+'world'
Traceback (most recent call last):
    File "<pyshell#38>", line 1, in <module>
        [1,2,3]+'world'
TypeError: can only concatenate list (not "str") to list
```

正如运行错误代码后的信息所提示，列表和字符串是无法连接在一起的。尽管它们都是序列，却是不同类型的序列。简而言之，两种相同类型的序列才能进行连接操作。

2. 乘（∗）：重复序列

用乘号对序列做乘法，如"X∗n"，表示将序列 X 重复 *n* 次，生成新序列。示例如下：

```
>>> 'python' ∗ 3
'pythonpythonpython'
>>>[2, 3, 5] ∗ 3
[2, 3, 5, 2, 3, 5, 2, 3, 5]
```

3. None、空列表和初始化

空列表可以简单地通过两个空括号表示([ ])——里面什么都没有。如果要创建一个占 10 个元素空间的列表，则可以使用类似[0]∗10 的方式，这样就生成了一个包含 10 个 0 的列表（列表中的数字 0 可以用其他字符代替）。然而，有时可能需要一个值来代表空值，即表示里面没有放置任何元素。这时就需要使用 None。None 是 Python 的内建值。示例如下：

```
>>> seq=[None] ∗ 10
>>> seq
[None, None, None, None, None, None, None, None, None, None]
```

4. 成员运算符（in/not in）检查数据是否在序列中

v in X，表示检查 v 是否在序列 X 中，返回布尔值；v not in X，表示检查 v 是否不在序列 X 中，返回布尔值。

示例如下：

```
>>> a= [2,3,5,7,11,13]
>>> [2,3] in a
False
>>> b= [[2,3],5,7,11,13]
>>> [2,3] in b
True
```

其中，[2,3] 是一个切片，由于不是序列 a 的一个元素，因此"[2,3] in a"的运算结果是 False；而 b 的第一个元素是 [2,3]，因此 "[2,3] in b" 的运算结果是 True。

对于字符串来说，情况有所不同。示例如下：

```
>>> 'e' in 'hello'
True
>>> 'he' in 'hello'
True
```

in 可以用于检查某个字符串是否是另一个字符串的一部分。

4.1.4 序列的内建函数

1. 计算序列的长度

len()函数可返回序列内部元素的个数。示例如下：

```
>>> len([2,3,5,7])
4
>>>len('hello world')
11
```

2. 计算序列的最小值、最大值

min()和 max()函数可计算序列中的最小值和最大值。示例如下：

```
>>>min([2,3,5,7,11,13])
2
>>> max([2,3,5,7,11,13])
13
```

当序列包含的是字符串，或序列本身就是字符串时，Python 将按照 Unicode 码的大小来计算内容的大小。示例如下：

```
>>> max(['apple','banana','orange'])
```

运行结果：

```
'orange'
```

得到该运算结果是因为，列表中 'o' 的 Unicode 码比 'a' 和 'b' 的都大。

又如：

```
>>> min('aboard')
```

运行结果：

```
'a'
```

其中，字符 'a' 的 Unicode 编码最小。

4.2 字符串

字符串属于序列，因此序列的索引、切片及运算对字符串同样适用。

4.2.1 什么是字符串

字符串是一种基本的信息表示方式，所有的编程语言都支持字符串的操作。字符串就是一连串的字符。在 Python 中，用引号括起来的都是字符串，这里的引号既可以是单引号，也可以是双引号。例如，下面两个都是字符串：

```
'Hello World!'
"Programming is fun."
```

引号必须成对出现，如果一个字符串的开始用了单引号，那么在结束的位置也必须使用单引号。

1. 长字符串

对于比较长的字符串，通常用三个引号括起来，既可以是三个单引号也可以是三个双引号。这样的字符串支持多行，例如：

```
'''This is the first sentence.
This is the second sentence.
This is the third sentence.'''
```

这样产生的字符串会带有两个表示换行的特殊符号" \n"，例如：

```
'This is the first sentence. \nThis is the second sentence. \nThis is the third sentence.'
```

用普通的单引号也可以表示长字符串，但必须在每一行的结尾处放一个反斜杠"\"，这个反斜杠表示这一行还没有结束，于是下一行的内容就还是那个字符串的一部分。例如：

```
'hello \
world'
```

运行结果：

```
'hello world'
```

可以看到，和用三个引号表示的长字符串不同，这里并不会产生表示换行的"\n"，而是直接把两行连接。要想换行，则在需要换行的字符串后面添加"\n"即可。例如：

```
'This is the first sentence. \n\
This is the second sentence. \n\
This is the third sentence. '
```

2. 转义字符

转义字符用于表示不能直接表示的特殊字符。Python 的常用转义字符如表 4-2 所示。

表 4-2　Python 的常用转义字符

转义字符	说明
\\	反斜线
\'	单引号
\"	双引号
\	在字符串行尾的续行符，即一行未完，转到下一行继续写
\n	换行符，将光标位置移到下一行开头
\r	回车符，将光标位置移到本行开头
\t	水平制表符，即【Tab】键，一般相当于四个空格
\a	蜂鸣器响铃。注意：不是喇叭发声。现在的计算机很多都不带蜂鸣器了，所以响铃不一定有效
\b	退格，即【Backspace】键，将光标位置移到前一列

例如，对字符串中的单引号进行转义：

```
'let\'s go!go'
```

比较特殊的情况：如果单引号或双引号是字符串的内容之一，就可以使用另一种引号来进行转义。例如：

```
"What's happened"
'He said,"You are so sool!"'
```

3. 原始字符串

在一个字符串前面加一个字符"r"，表示这个字符串是原始字符串，其中的"\"不被当作转义字符前缀，而是被直接编入字符串。示例如下：

```
s='hello\nworld'
r=r'hello\nworld'
print(s)
print(r)
```

运行结果：

```
hello
world
hello\nworld
```

在该代码中，s 是普通字符串，其中的"\n"被当作一个转义字符，从而形成了换行的效果。字符串前面带有"r"的则表示原始字符串，其中的"\n"被当作普通的两个字符，所以就没有了换行效果，而是直接把"\n"当作普通字符输出。

4. 字符串不可修改

字符串是 Python 的一种数据类型，可以用来赋给变量、打印输出、从外部输入、做运算。Python 的字符串是一种序列，前面介绍的序列的所有操作对字符串都是可行的。例如：用加号（+）可以合并（连接）两个字符串；用乘号（*）重复字符串，用 len( ) 可以得到字符串的长度（字符的数量），用切片可以得到子字符串或复制整个字符串。除此之外，字符串还有一些自己的特点和操作。

（1）Python 的字符串是不可修改的数据。我们可以通过对字符串做运算来产生新的字符串，但是不能修改已有的字符串。例如：

```
s='hello'
s[0]='H'
```

运行后会报错：

```
Traceback (most recent call last):
    File "<input>", line 1, in <module>
TypeError: 'str'object does not support item assignment
```

即字符串不支持修改。

（2）可以对 Python 字符串变量重新赋值。例如：

```
s='hello'
s='world'
```

其中，第二次赋值并不是修改了'hello'，而是让字符串 s 不再管理'hello'，转而管理'world'。

4.2.2 字符串处理函数

Python 提供了一系列方法用于处理字符串。常用的字符串处理方法如表4-3所示。

表4-3 字符串常用方法或函数

方法或函数名称	说明
S.title()	把字符串 S 中所有单词的首字母变成大写
S.capitalize()	把字符串 S 的首字母变成大写
S.upper()	将字符串 S 变成大写
S.lower()	将字符串 S 变成小写
S.strip()	删除字符串 S 前后的空格
S.lstrip()	删除字符串 S 左边的空格
S.rstrip()	删除字符串 S 右边的空格
S.split(sep=None)	使用 sep 作为分隔符，将字符串 S 拆分成列表并返回
S.join(X)	将字符串 S 与 X 连接，生成一个新字符串
S.find(str[,beg=0[,end=len(string)]])	在字符串 S 中查找子串 str 首次出现的位置
S.replace(old,new)	在字符串 S 中用子串 new 替换子串 old
S.count('word')	计算指定字符串'word'在字符串 S 中出现的次数

1. 修改大小写

Python 的字符串有 4 个函数可用于改变字符串的大小写：title()、upper()、lower()、capitalize()。其中，title()将每个单词的首字母人写；upper()将所有字符变为大写；lower()将所有字符变为小写；capitalize()将第一个单词的首字母大写。这些函数都不会修改已有的字符串，而是返回一个新的字符串。示例如下：

```
str="the little prince"
print(str.title())
print(str.upper())
print(str.lower())
print(str.capitalize())
print(str)
```

运行结果：

```
The Little Prince
THE LITTLE PRINCE
the little prince
The little prince
the little prince
```

2. 查找子串

用 in 运算符可以得知某个子串是否存在，而字符串的 find( ) 函数可以获得子串所在的位置，如果不存在，则返回–1。示例如下：

```
str="This is a test."
print(str. find('is'))
```

运行结果：

```
2
```

返回结果为 2，则表明查找子串'is'在字符串 str 中首次出现在索引为 2 的位置。

find( ) 函数还可以指定搜索的起点和（或）终点。因此，在找到了第一个'is'之后，可以用那个值继续寻找下一个。示例如下：

```
str = "This is a test. "
k = str. find('is')
print(k)
k = str. find('is',k+1)              #指定起点,不指定终点
print(k)
k = str. find('is',k+1,len(str)- 1)  #指定起点和终点
print(k)
```

运行结果：

```
2
5
- 1
```

若指定搜索的终点，则所指定的终点不包含在搜索的范围内，这与切片的原则是一样的。

除了可以从左边开始搜索，还可以使用 rfind( ) 函数从右边开始搜索，rfind( ) 函数的其他细节与 find( ) 函数相同。示例如下：

```
str = "This is a test. "
k = str. rfind('is')
print(k)
k = str. rfind('is',0,k+1)           #指定起点,不指定终点
print(k)
k = str. rfind('is',0,k+1)           #指定起点和终点
print(k)
```

运行结果：

```
5
2
- 1
```

3. 统计子串出现的次数

count( )函数可用于统计子串出现的次数。示例如下：

```
str = "This is a test. "
print(str. count('is'))
```

运行结果：

```
2
```

返回的结果是子串 'is' 在字符串 str 中出现的次数。

4. 替换字符串中的字符

replace( )函数返回某个字符串中的所有匹配项被替换后的新字符串。示例如下：

```
str = "the little prince"
t = str. replace('prince','princess')
print(t)
print(str)
```

运行结果：

```
the little princess
the little prince
```

字符串 str 中的 'prince' 被替换成了'princess'，替换后的新字符串被赋值给了 t，且原字符串 str 保持不变。

5. 删除两端的空格

有时候字符串两端可能出现一些空格，当打印或输出在屏幕上时，如果前后没有其他内容，那么这些空格可能都看不出来，但是对于计算机来说，有没有空格是完全不同的内容。

在处理文本内容时，经常会遇到需要对字符串进行比较的操作，所以删除两端的空格是一种常见的运算。对此，Python 有三个函数：strip( )、lstrip( )和 rstrip( )。示例如下：

```
s=" hello world "
print(s. lstrip( ))    #删除字符串最左边的空格
print(s. rstrip( ))    #删除字符串最右边的空格
print(s. strip( ))     #删除字符串左边和右边的空格
```

运行结果：

```
hello world
 hello world
hello world
```

在具体的程序中，常常在得到一个字符串之后，对它做两端的删除空格操作，再来做比较、保存等计算。

4.2.3 字符串格式化

1. 字符串格式化运算符

在 Python 中，字符串格式化的使用与 C 语言中的 sprintf 函数一样，采用 "%" 表示。基本格式如下：

```
格式字符串 % (参数 1,参数 2,…)
```

其中，"%" 之前为格式化字符串；"%" 之后为需要填入格式字符串中的参数。多个参数之间用逗号分隔。只有一个参数时，可省略圆括号。在格式字符串中，用格式控制符代表要填入的参数的格式。示例如下：

```
name ="小明"
print("大家好,我叫%s" % name)
print("我叫 %s, 今年 %d 岁!" % (name, 10))
```

在格式字符串" 我叫 %s, 今年 %d 岁!" 中，%s 是格式控制符，参数 name 对应%s，参数 10 对应%d。

Python 常用格式控制符如表 4-4 所示。

表 4-4　Python 常用格式控制符

格式控制符	说明
%s	字符串
%d	带符号的十进制整数
%o	带符号的八进制整数
%x	带符号的十六进制整数，字母小写
%X	带符号的十六进制整数，字母大写

格式控制符	说明
%e	将数字转换为科学计数法格式（小写 e）
%E	将数字转换为科学计数法格式（大写 E）
%f	浮点数字（用小数点符号）
%g	浮点数字（根据值的大小，系统自动决定采用%e 或%F）
%G	浮点数字（根据值的大小，系统自动决定采用%E 或%F）

如果在格式字符串中已有%字符，则需要用%%来表示。

格式控制符的基本格式如下：

% [(name)][flags][width[. precision]]格式控制符

其中，name 为圆括号括起来的字典对象的键；width 指定数字的宽度；precision 指定数字的小数位数；flags 为标识符，可使用下列符号：

●+：右对齐；在正数前添加正号（+），在负数前添加负号（−）。

●−：左对齐；在正数前不添加符号，在负数前添加负号（−）。当数字位数小于指定宽度时，在末尾填充空格。

●空格：右对齐；在正数前添加一个空格，在负数前添加负号。

●0：右对齐；在正数前不添加符号，在负数前添加负号；当数字位数小于指定宽度时，在数字前面填充 0。

1）小数宽度及精度

可以在%f 中加入数字及小数点，以指定输出宽度和小数精度。基本格式如下：

```
% m. nf
%. nf
```

其中，m 表示最小宽度，可以省略；n 表示输出精度；中间用点号"."隔开。

示例如下：

```
a=3. 1415926
print("圆周率是% f" % a)        #运行结果:圆周率是 3. 141593
print("圆周率是%. 7f" % a)       #运行结果:圆周率是 3. 1415926
print("圆周率是%10. 7f" % a)     #运行结果:圆周率是  3. 1415926
```

2）转换字典对象

格式化字典对象时，可在控制符中用键指定对应的字典项。示例如下：

```
'%(name)s is %(age)d years old'% {'name':'Tome','age':25}
```

运行结果：

'Tome is 25 years old'

2. format( )函数

format( )是字符串的一个函数，也是用来形成格式化的字符串，但它和字符串的格式化运算符%不同，它使用 {} 表示占位符。基本格式如下：

<模板字符串>. format(<逗号分隔的参数>)

示例如下：

```
age=23
print('My age is {}. '. format(age))
```

运行结果：

My age is 23.

从上例可以看出，其用 {} 代替%。

同样地，format( )函数也支持多个占位符，甚至可以用序号来表示将哪个值填入哪个位置，而且一个值可以被填入多个位置。示例如下：

```
print('my name is {},age {}. '. format('Lucy',18))
print('my name is {1},age {0}. '. format(18,'Lucy'))
```

运行结果：

my name is Lucy,age 18.
my name is Lucy,age 18.

上面的字符串格式化还可以采用下标索引的方式：

```
print('my name is {0[1]},age {0[0]}. '. format([18,'Lucy']))
```

或者采用关键字参数的方式：

```
print('my name is {name},age {age}. '. format(name='Lucy',age=18))
```

可见，format( )函数比字符串格式化运算符更灵活。

format( )函数也可以指定填充字符、对齐方式和宽度，以及精度和进制。基本格式如下：

{<索引>:<填充字符><对齐方式> <宽度.精度><格式>}

下面给出了几种组合的例子：

```
print('{:. 2f}'. format(321. 33345))        #<. 精度> 精度常与类型 f 一起使用
print('{:,}'. format(1234567890))           #用","号作为金额的千位分隔符
```

```
print('{:b}'. format(17))#二进制
print('{:d}'. format(17))#十进制
print('{:,}'. format(123456789))#千分位
```

运行结果：

```
321. 33
1,234,567,890
10001
17
123,456,789
```

4.3　列表

列表和元组都属于序列，由一系列按指定顺序排列的元素组成。列表用"[ ]"表示，其中的元素之间用逗号","分隔。例如：

```
[1,2,3,'a','b','c']
['Jan','Feb','Mar']
```

列表是一种序列，所以前面所述序列的所有特征和操作对于列表都是成立的。除此之外，列表还有自己特殊的操作。列表的主要特点如下：

（1）列表可以包含任意类型的对象，如数字、字符串、元组等。

（2）列表是一个有序序列。与字符串类似，可通过位置偏移量来执行列表的索引和分片操作。

（3）列表是可变的，其大小不受限制，可以添加或删除列表成员。列表元素的值也可以改变。

（4）每个列表元素存储的是对象的引用，而不是对象本身，类似 C/C++的指针数组。

4.3.1　创建列表

创建列表的方法有两种：直接使用"[ ]"；用 list( )。

1）直接使用"[ ]"

示例如下：

```
a=[]
```

这样就创建了一个列表，之后可以向其中添加元素。例如：

```
a=[2,3,5,7,11,13]
```

87

这样就创建了一个有一些值的列表，之后还可以继续向其中添加元素。

2）用 list( )创建列表

用 list( )创建列表，其列表元素可以是任意类型。

（1）将字符串转化为列表。示例如下：

```
a=list('hello')
```

这样就把'hello'这个字符串中的每个字符提取出来，每个字符作为列表的一个元素，所以列表 a 为 ['h', 'e', 'l', 'l', 'o']。

（2）将 range 生成的序列数据转换成列表。示例如下：

```
list(range(1,5))
```

生成的列表：[1,2,3,4]。

（3）将元组序列转换成列表。示例如下：

```
list((1,2,3))
```

转换后的结果：[1,2,3]。

（4）当列表的元素是列表时，就可以构成多维列表，就像一个矩阵。示例如下：

```
Matrix=[
[1,2,3,4,5],
[3,0,9,11,14],
[5,6,7,8,9],
[7,0,0,0,0],
[9,11,12,0,13]
]
```

这里，矩阵的每一行是一个列表。可以在行上做列表的各种操作。但矩阵的列不是一个数据，因此对矩阵的列的操作不能直接用列表的方法来进行。

4.3.2 列表基本操作

1. 列表元素赋值

列表和字符串不同，列表中的元素都是可以修改的，可通过指定索引值来修改列表中某个元素的值。示例如下：

```
a=[1,2,3,4,5]
a[0]=0
print(a)
```

运行结果：

```
[0, 2, 3, 4, 5]
```

但是，不能为不存在位置上的元素赋值。访问列表时，其索引不能超过列表的最大范围，否则会报错。

2. 切片元素赋值

切片表达了列表中的一段，它可以放在赋值号的左边，接受一个新的列表，用来替换切片所表达的那一段。示例如下：

```
a=[1,2,3,4,5]
a[2:]=[30,40,50]          #替换从索引为 2 开始到最后的元素
print(a)
```

运行结果：

```
[1,2,30,40,50]
```

切片赋值时，可以给切片赋数量不同的新列表（或切片），实际上就可以实现插入和删除了。示例如下：

```
number=[1,5]
number=[1:1]=[2,3,4]    #不需要替换任何原有元素,在索引为 1 的位置插入新列表
print(number)
```

运行结果：

```
[1,2,3,4,5]
```

如果给切片赋值一个空列表［］，实际上意味着删除那一段切片。示例如下：

```
>>> numbers=[1,2,3,4,5]
>>> numbers[1:4]=[]          #删除索引为 1~3 的元素
>>> numbers
```

运行结果：

```
[1, 5]
```

3. 删除列表元素

Python 中提供了专门的 del 语句来删除列表中的元素。其用法如下：

```
del <列表元素>
```

示例如下：

```
a=[1,2,3,4,5]
del a[2]
print(a)
```

运行结果：

[1,2,4,5]

在删除元素 a[2]后，列表的元素就减少了一个，其后面的元素依次往前移一个位置。注意：这个 del 是一个语句，不是列表的一个函数。

4.3.3 常用列表方法

列表常用的方法或函数，如表 4-5 所示。

表 4-5 列表常用的方法或函数

方法或函数	说明
L. append(x)	在列表 L 尾部追加 x
L. clear( )	移除列表 L 的所有元素
L. count(x)	计算列表 L 中 x 出现的次数
L. copy( )	列表 L 的备份
L. extend(x)	将列表 x 扩充到列表 L 中
L. index(value[,start[,stop]])	计算在指定范围内 value 的下标
L. insert(index,x)	在下标为 index 的位置插入 x
L. pop(index)	返回并删除下标为 index 的元素，默认是最后一个
L. remove(value)	删除值为 value 的第一个元素
L. reverse( )	倒置列表 L
L. sort( )	对列表元素进行排序

列表提供了一些函数来对列表做操作，这些函数是列表的，所以要使用<列表>. <函数>的方式来调用。下面对列表常用方法或函数进行介绍。

1. 追加函数 append( )

append( )函数用来在列表的末尾增加一个元素。示例如下：

```
a=[1,2,3,4,5]
a. append(6)
print(a)
```

运行结果：

[1,2,3,4,5,6]

由于字符串是不可修改的数据类型，所以对字符串的所有函数操作都是产生一个新的字符串，而不会修改原字符串内容。但是，列表的大多数函数操作都是直接对自己修改。所以，在使用 a. append( )之后，列表 a 中就增加了一个新的元素。

2. 扩展函数 extend( )

extend( )函数用于把另一个列表的内容添加到自己列表的末尾。示例如下：

```
a=[1,2,3,4,5]
a. extend([10,20])
print(a)
```

运行结果：

```
[1, 2, 3, 4, 5, 10, 20]
```

注意：extend( )函数扩充列表时，会修改原来的列表。用加号 "+" 连接两个列表则与此不同，其所连接的两个列表的不会被修改，而是产生一个新列表。

3. 插入函数 insert( )

insert( )函数用于将一个数据插入列表指定位置的前面，而 append( )函数只能在列表的末尾添加内容。insert( )的用法如下：

```
insert( index,x)
```

如果插入的索引位置不存在，则将元素添加到列表末尾。示例如下：

```
a=[1,2,3,4,5]
a. insert(0,0)                    #在第一个位置前面插入 0
a. insert(6,10)
print(a)
```

运行结果：

```
[0, 1, 2, 3, 4, 5, 10]
```

其中，第 1 个 insert( )是在索引为 0 的位置前面插入 0，第 2 个 insert( )是在索引位置为 6 的位置插入 10，但是索引 6 超出了列表的大小，因此直接添加到末尾。

4. 删除函数 remove( )

remove( )函数用于删除某个指定数据在列表中第 1 次出现的项，如果有重复值，则删除第 1 个。remove( )的用法如下：

```
L. remove( value)
```

示例如下：

```
a=[1,3,5,7]
a. remove(5)
print(a)
```

运行结果：

[1, 3, 7]

如果指定的数据不在列表中，则报错。

5. 弹出函数 pop( )

pop( )函数用于删除列表中指定索引位置的数据。与 remove( )函数不同的是，pop( )函数还会把那个数据返回。pop( )函数的用法如下：

L. pop(index)

注意：如果不指定 index，则默认是列表最后一个元素。
示例如下：

```
a=[1,3,5,7,11]
print(a. pop( ))
print(a. pop(2))
print(a)
```

运行结果：

```
11
5
[1, 3, 7]
```

6. 排序函数 sort( )

sort( )函数可以将列表排序。若列表对象全部是数字，则将数字从小到大排序；若列表对象全部是字符串，则按字典顺序排序；若列表包含多种类型，则会出错。示例如下：

```
a=[7,1,5,3,11]
a. sort( )
print(a)
```

运行结果：

[1, 3, 5, 7, 11]

当用户需要一个排序的列表副本，同时想保留原有列表不变时，通常想到如下的做法（这种做法是错误的）：

```
>>> a=[7,1,5,3,11]
>>> b=a. sort( )
>>> print(b)
```

运行结果：

```
None
```

其中，sort()函数修改了 a 却返回了控制，那么最后得到的是已排序的 a，以及值为 None 的 b。

实现这个功能的正确方法是：首先把 a 的副本赋值给 b，然后对 b 进行排序。示例如下：

```
>>> a=[7,1,5,3,11]
>>> b=a[:]
>>> b. sort( )
>>> a
[7, 1, 5, 3, 11]
>>> b
[1, 3, 5, 7, 11]
```

其中，再次调用 a[:]得到的是包含了 a 所有元素的分片，这是一种很有效率的复制整个列表的方法。只是简单地把 a 赋值给 b 是没有用的，因为这样做就让 a 和 b 指向同一个列表。示例如下：

```
>>> b=a
>>> b. sort( )
>>> a
[1, 3, 5, 7, 11]
>>> b
[1, 3, 5, 7, 11]
```

另一种获得已排序的列表副本的方法是使用 sorted()函数。示例如下：

```
>>> a=[7,1,5,3,11]
>>> b=sorted(a)
>>> a
[7, 1, 5, 3, 11]
>>> b
[1, 3, 5, 7, 11]
```

sorted()函数可用于任何可迭代对象，也可用于任何序列，却总是返回一个列表。示例如下：

```
>>>sorted('Python')
['P', 'h', 'n', 'o', 't', 'y']
```

7. 反转函数 reverse( )

reverse( )函数用于将列表中数据的位置反转。示例如下：

```
a=[1,3,5,'a','b']
a. reverse( )
print(a)
```

运行结果：

```
['b', 'a', 5, 3, 1]
```

8. 查找函数 index( )

与 find( )函数类似，列表的 index( )函数能在列表中找出某个值的第一次匹配的元素的索引位置。index( )函数的用法如下：

```
L. index(value)
```

示例如下：

```
a=[1,3,5,'a','b']
print(a. index('a'))
```

运行结果：

```
3
```

4.3.4 字符串和列表互操作

字符串和列表都是序列，它们有很多相同的通用序列操作和函数。在字符串和列表之间，也有一些用来互相转换或操作的函数。前面介绍了 list( )函数可以把一个字符串的每个字符拆分出来形成一个列表。除此之外，Python 还有一些函数可用于这两者之间的操作。

1. 拆分字符串函数 split( )

split( )函数可以用指定的字符（或子串）将一个字符串分割成列表的元素。示例如下：

```
str = "hello world"
s = str. split( )
print(s)
```

运行结果：

```
['hello', 'world']
```

对 split( ) 函数不给任何参数时，就默认以空格来分割，常用于将字符串中以空格分隔的单词通过 split( ) 函数提取出来，以便进一步处理。除了按空格分割，split( ) 函数还支持按指定的分隔符进行分割。示例如下：

```
date = "9/4/2021"
time = "10:30:20"
d = date. split('/ ' )
t = time. split(":")
print(d)
print(t)
```

运行结果：

```
['9', '4', '2021']
['10', '30', '20']
```

split( ) 函数还能支持正则表达式，其功能很强大。由于篇幅有限，这里就不对此展开介绍了。

2. 聚合字符串函数 join( )

字符串的另一个函数 join( ) 用于把一个列表的各个字符串类型的元素组合成一个字符串，这些元素之间用指定的内容填充。join( ) 函数的一般用法如下：

```
<分隔字符串>. join(<列表>)
```

示例如下：

```
a=['hello','boys','and','girls']
print(' '. join(a))
print(':'. join(a))
```

运行结果：

```
hello boys and girls
hello:boys:and:girls
```

join( ) 函数不仅能对列表操作，还能对字符串操作。对字符串做 join( ) 操作时，可以看作先把字符串中的每个字符拆分出来组成列表，再将列表聚合成字符串。示例如下：

```
a='hello boys and girls'
print(','. join(a))
```

运行结果：

```
h,e,l,l,o, ,b,o,y,s, ,a,n,d, ,g,i,r,l,s
```

例如，求一句英文句子的单词数。代码如下：

```
s = "This is a pencil"
words = s. split( )
print(words)
print(len(words))
```

运行结果：

```
['This', 'is', 'a', 'pencil']
4
```

4.4 元组

字符串是不可修改的字符的序列，列表是可修改的任何类型的数据的序列，元组是不可修改的任何类型的数据的序列。元组与列表的相同点：可以表达任何类型、任意数量数据的有序序列。元组与字符串的相似点：不能对整个元组和其中的任何元素做修改。

4.4.1 创建元组

与列表类似，创建元组的方法也有两种。

（1）用元组字面量圆括号进行创建。示例如下：

```
tuple_1 =(1,'physics',98)
```

创建一个空元组：

```
tuple_2 =()
```

如果要创建的元组只有一个元素，那么直接放一个元素是不行的，必须在这个元素之后加一个逗号。示例如下：

```
print(3 * (10))
print(3 * (10,))
```

运行结果：

```
30
(10, 10, 10)
```

其中，print(3 * (10))中的 10 被当成简单值 10；而 print(3 * (10,))中的 10 后有了逗号，就是一个元组了。

（2）使用 tuple（)来创建一个元组。例如，创建空元组：

```
tuple_2=tuple( )
```

还可以将其他数据类型转换成一个元组。示例如下：

```
tuple([1,2,3])
tuple('abcd')
```

其中，tuple（[1,2,3]）会把列表变成元组，tuple（'abcd'）会把'abcd'这个字符串中的每个元素
（也就是每个字符）提取出来，每个字符作为元组的一个元素，共同构成一个元组，即（'a'，
'b'，'c'，'d'）。

元组也是一种序列，所以元组除了不能修改外，其访问方式与序列的访问方式是一样
的，也是通过索引来访问其元素。

4.4.2　常用元组方法

由于元组不能修改，因此列表的修改函数（如 append（)、insert（)、remove（)等）都
不能用于元组，但可以对整个元组重新赋值，这样就不是修改它所代表的元组，而是让它
代表另一个元组。

元组的常用方法（或函数）有 count（)和 index（)，其与列表的用法一样：

- T. count（x)：计算 x 元素在元组 T 中出现的次数。
- T. index（x)：计算 x 元素在元组 T 中的下标。

示例如下：

```
T=(1,1,3,3,11)
print(T. count(3))
print(T. index(3))
```

运行结果：

```
2
2
```

注意：index（)返回的是指定值在元组中第一次出现的位置。

4.4.3　列表和元组的转换

元组和列表可以相互转换。

（1）采用 list（)将元组转换成列表。示例如下：

```
>>>tup=(1,'1',2,'2')
>>>list1=list(tup)
>>>list1
[1, '1', 2, '2']
```

（2）采用 tuple( ) 将列表转换成元组。示例如下：

```
>>> tup1 = tuple(list1)
>>> tup1
(1, '1', 2, '2')
```

4.5　案例：高频词统计

4.5.1　案例任务

统计并输出以下材料中出现的高频词及其出现次数。

制定支持数字经济高质量发展政策，积极推进数字产业化、产业数字化，促进数字技术和实体经济深度融合。深化大数据、人工智能等研发应用，开展"人工智能+"行动，打造具有国际竞争力的数字产业集群。实施制造业数字化转型行动，加快工业互联网规模化应用，推进服务业数字化，建设智慧城市、数字乡村。深入开展中小企业数字化赋能专项行动。支持平台企业在促进创新、增加就业、国际竞争中大显身手。健全数据基础制度，大力推动数据开发开放和流通使用。适度超前建设数字基础设施，加快形成全国一体化算力体系，培育算力产业生态。我们要以广泛深刻的数字变革，赋能经济发展、丰富人民生活、提升社会治理现代化水平。

4.5.2　案例分析和实现

1. 案例分析

本案例需要统计 2024 年两会政府工作报告这段话中出现频率最高的 10 个词。这段话是中文，可以使用字符串类型表示。对中文字符串进行词频统计，首先要对中文字符串进行分割，采用 jieba 实现。jieba 是一个中文分词库，是 Python 中的第三方库，它可以帮助我们将一段中文文本分成一个个独立的词语。

词频处理主要有以下四个步骤，具体过程如下：

第 1 步，文本预处理。首先需要在分割前将字符串中的标点符号去掉，可以采用字符串的 replace( ) 方法实现。有些词是停顿词，如"的""和""也"等，需要从分割结果中去除，因此用一个列表或元组来存放停顿词。

第 2 步，分词处理。采用 jieba 对上述中文字符串进行分词处理，然后，将分词结果中的停顿词去掉，并存放到列表中。

第 3 步，词频统计。使用字符串 count( ) 方法统计单个词出现的频率，并将词和词频存放到一个列表中。在保存之前，要判断这个词是否已经存在于列表中，如果已经存在则不保存。

第 4 步，词频排序。对列表按词频从高到低排序；用循环语句读取列表中前 10 个词的词频，并格式化输出。

2. 案例实现

实现代码如下:

```
importjieba
#准备文本数据
text="""制定支持数字经济高质量发展政策,积极推进数字产业化、产业数字化,促进数
字技术和实体经济深度融合。深化大数据、人工智能等研发应用,开展"人工智能+"行动,
打造具有国际竞争力的数字产业集群。实施制造业数字化转型行动,加快工业互联网规模
化应用,推进服务业数字化,建设智慧城市、数字乡村。深入开展中小企业数字化赋能专项
行动。支持平台企业在促进创新、增加就业、国际竞争中大显身手。健全数据基础制度,大
力推动数据开发开放和流通使用。适度超前建设数字基础设施,加快形成全国一体化算力
体系,培育算力产业生态。我们要以广泛深刻的数字变革,赋能经济发展、丰富人民生活、提
升社会治理现代化水平。"""
#1. 文本预处理
#去除标点符号
text = text. replace("。", ""). replace(",", ""). replace(";", ""). replace(":", ""). replace(""", "")
. replace(""", ""). replace("、", ""). replace(" ", ""). replace(":",""). replace("\n", "")
#定义停用词集合
stopwords = set(
["的", "了", "在", "是", "我", "有", "和", "就", "不", "一个", "上", "也", "要", "说", "都", "
会", "着", "很", "到", "看", "时", "去", "没", "等", "来", "吧", "得", "如果", "那", "再", "都", "么",
"啊", "把", "自己", "这个", "以", "进", "多", "最", "没有", "很","为"])
#2. 分词处理,使用 jieba. cut()分词并去除停用词
words = [word for word in jieba. cut(text) if word not in stopwords]
#3. 词频统计
word_counts=[]
for word in words:
        num = words. count(word)
        if [word,num] not in word_counts:
            word_counts. append([word,num])

# 4. 词频排序
word_counts. sort(key=lambda x:(x[1],x[0]), reverse=True)
# 输出词频最高的前 10 个词汇及其频次
# for word, count in word_counts. most_common(10):
for word,count in word_counts[:10]:
    #print(f"{word}: {count}")
    #没对齐,指定用中文空格填充
    print(' {0:{1}<10}'. format(word,chr(12288)),' {0:<5}'. format(count))
```

運行結果如下：

数字	7
数字化	4
行动	3
经济	3
数据	3
产业	3
赋能	2
算力	2
支持	2
推进	2

4.5.3　总结和启示

从上面统计结果来看，案例所用文本主要围绕数字经济。经济的发展离不开数字技术的发展，数字技术的发展离不开人工智能的发展。2024 年的政府工作报告，首次将"人工智能+"写到里面，这不仅标志着人工智能技术在国家发展中的地位日益提升，也预示着我们的生活即将迎来更深层次的变革。"人工智能+"的"+"就是"各行各业+各种应用场景"，把人工智能有效应用到国民经济的方方面面。作为新时代的大学生，我们应站在人工智能肩膀上发挥想象力、创造力，成为更有竞争力、能够开拓未来的新时代的接班人。

4.6　本章小结

本章介绍了 Python 的序列数据类型，包括字符串、列表和元组。它们的访问方式相同，并有一些共同的操作和函数。

字符串是一连串字符，在字符串中可以使用"＼"进行字符转义，还可以在字符串前面加上"r"表示原始字符串。本章还介绍了字符串格式化及处理函数。

列表和元组由一系列按指定顺序排列的元素组成，用于保存任意类型、任意数量的数据。列表中的数据随时可以修改、增加和删除，而元组是不可修改的序列类型。

综合实验

【实验目的】
掌握列表和元组的创建及使用方法。

【实验内容】
输入 3 个数字，用其创建列表和元组，将这 3 个数字分别按从小到大和从大到小的顺序输出。实验过程如下：

（1）输入 3 个数字，将其存储在列表和元组中。

（2）使用 sort( ) 函数进行排序；使用 reverse( ) 函数对排序结果进行反转操作，即可实现从大到小排序。

（3）用 print( ) 函数打印输出。

具体操作步骤如下：

（1）在 Windows 操作系统的"开始"菜单中选择"Python 3.12"→"IDLE"命令，启动 IDLE 交互环境。

（2）在 IDLE 交互环境中选择"File"→"New"命令，打开源代码编辑器。

（3）在源代码编辑器中输入下面的代码：

```
nums＝input('请输入 3 个整数,数字之间用空格隔开:')
listnum = [int(n) for n in nums. split()]      #创建列表
tuplenum＝tuple(listnum)                        #创建元组
print('列表：',listnum)
print('元组：',tuplenum)
listnum. sort()                                 #列表排序
print("从小到大:",listnum)
listnum. reverse()                              #反转顺序
print("从大到小:",listnum)
```

（4）按【Ctrl+S】组合键保存程序文件，将文件命名为 practice4. py。

（5）按【F5】键运行程序，在 IDLE 交互环境显示运行结果，如图 4-2 所示。

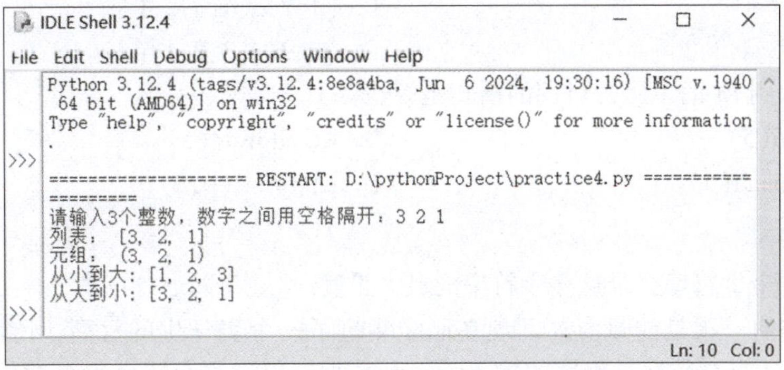

图 4-2　程序 practice4. py 的运行结果

【实验总结】

1. 收获

_____

_____

_____

_____

2. 需要改进之处

_____

_____

_____

_____

习 题

扫描二维码
获取习题答案

一、选择题

1. 下列类型的对象属于可变序列的是（　　　）。

A. 字符串　　　　　B. 列表　　　　　　C. 元组　　　　　　　D. 数字

2. 下列选项中，可以打印输出"D：\python\test.py"的是（　　　）。

A. print("D：\\python\\test.py")

B. print("D：\python\test.py")

C. print("D："+"\""+"python"+"\""+"test.py")

D. print("D：\"python\"test.py")

3. list("hello")的运行结果是（　　　）。

A. ['h', 'e', 'l', 'l', 'o']　　　　　　　　B. ['hello']

C. [h,e,l,l,o]　　　　　　　　　　　　D. ('h', 'e', 'l', 'l', 'o')

4. 如果 list1=[1,2,3,4,3,2,1]，那么 list1[：-1]是（　　　）。

A. 0　　　　　　　　　　　　　　　　B. [1,2,3,4,3,2,1]

C. [1,2,3,4,3,2]　　　　　　　　　　D. [2,3,4,3,2,1]

5. 把 5 加到 lst 的末尾，可用的语句是（　　　）。

A. lst.add(5)　　　　　　　　　　　B. lst.addEnd(5)

C. lst.append(5)　　　　　　　　　　D. lst.insert(0,5)

二、编程题

1. 输入 3 个字符串，求这些字符串的最大长度。

2. 体检中有一项是测量身高。现在已经测量了一个班学生的身高，请输出其中超过平均身高的那些身高数据。程序的输入为一行数据，以空格分隔，每个数据都是正整数。程序要输出那些超过输入数据的平均数的输入值，每个值后面有一个空格，输出顺序和输入的相同。例如，输入"143 151 139 133 149 164 138 147"，输出"151 149 164 147"。

第 5 章
集合和字典

容器是当前程序设计中非常重要的数据表示方式，第 4 章介绍的列表、元组等属于序列，序列在容器中是有先后顺序的，可以通过下标索引来访问其中的元素。容器中还有一类数据是没有先后顺序的，这就是集合和字典。对于集合和字典来说，其元素是无序的，因此无法像序列那样采用下标索引来访问其元素。集合可以通过 in 运算符来判断元素是否在集合中，字典可以通过键来访问对应的值。

本章要点

- 区分可变数据类型和不可变数据类型。
- 掌握集合的创建，并进行集合运算。
- 掌握字典的创建，以及增加、删除、修改、查询等操作。

5.1 集合

Python 中的集合类型数据结构是一种容器，是一个无序的不重复元素容器，与数学中集合的概念一致，人们可以对集合对象进行各种数学集合运算（如并集、交集、差集等）。

在 Python 中，集合使用花括号表示，如 {1，2，3}。集合中的元素是不可变的。

5.1.1 创建集合

若按数据结构对象是否可变来分，集合类型数据结构可分为可变集合与不可变集合。

1. 可变集合

可变集合对象是可变的，可以进行元素的增加、删除处理，处理结果直接作用在对象上。使用花括号{}可以创建可变集合。注意：集合中的元素对象必须是不可变的，即不能是列表、字典甚至可变集合等。另外，还可以使用 set 函数将数据结构对象转换为可变集合类型，即可以使用 set 函数将列表（或元组）转换为可变集合。通过 set 函数转换为可变集合的过程中会自动去除重复元素。如果要创建空集合，则可以采用 set( )的方式。示例如下：

```
#使用花括号创建可变对象集合
>>> myset1 = {1,2,3,'a','b'}
>>> myset1
{1, 2, 3, 'a', 'b'}
>>> type(myset1)
<class 'set'>
#集合中的元素对象必须是不可变对象,下面包含列表元素的集合创建失败
>>>myset1 = {1,2,3,[1,2]}
Traceback (most recent call last):
   File "<input>", line 1, in <module>
TypeError: unhashable type: 'list'
#使用 set 函数创建可变集合
>>> set('test123')              #使用字符串做参数创建集合对象
{'3', '1', '2', 's', 't', 'e'}
>>> set([3,2,4,3. 14,'a',True])  #使用列表做参数创建集合对象
{True, 2, 3. 14, 3, 4, 'a'}
>>> set()                       #创建空集合
set()
>>>type(set())
<class 'set'>
>>>type({})                     #{}表示空字典对象
<class 'dict'>
```

set( )函数的参数为可迭代对象，如列表、元组、字符串等。无参数时，set( )函数创建一个空集合对象。

集合与列表的最大区别就是集合中不会出现重复的元素。因此，即使在创建集合时所给的值中有重复的，或者所用的列表（或元组）中有重复的，所创建的集合中的元素也不会重复。示例如下：

```
>>>myset1 = {1,2,3,1,2}
>>>myset1
{1, 2, 3}
>>>set([1,2,'a',2])
{1, 2, 'a'}
```

2. 不可变集合

Python 提供了一种特殊的集合——冻结集合（frozenset）。冻结集合是一个不可变集合，属于不可变类型，其元素不能被修改处理。创建不可变集合的方法是使用 frozenset 函数。它与 set 函数的用法一样，其参数可以是列表、元组、字符串等，所不同的是得出的结果是一个不可变集合。注意：元素必须为不可变数据类型。使用不可变集合作为元素，当 frozenset 函数不传入任何参数时，就会创建一个空不可变集合。示例如下：

```
>>>frozenset([1,2,3])
frozenset({1, 2, 3})
>>>frozenset([1,2,'a',frozenset([1,2])])
frozenset({1, 2, frozenset({1, 2}), 'a'})
>>>frozenset()          #创建空不可变集合
frozenset( )
>>>type(frozenset( ))
<class 'frozenset'>
```

5.1.2 集合基本操作

集合类型数据结构分为可变集合和不可变集合两种。与其他可变类型数据对象一样，对于可变集合对象，也可以进行元素的增加、删除、查询等操作，但不支持修改。

由于集合中的元素没有顺序，所以不能用下标索引来访问集合中某个位置上的元素；也因为没有顺序，所以集合不能像列表那样采用 append( )函数向尾部添加元素，但是可以采用 add( )函数向集合添加元素。可变集合的常用函数如表5-1所示，表中的 s 为{1,2,3}。

表 5-1　可变集合的常用函数

函数	示例	结果	说明
len( )	len(s)	3	返回集合中元素的数量
add( )	s. add(10)	{1,2,3,10}	向可变集合添加一个元素
remove( )	s. remove(10)	{1,2,3,10}	删除可变集合中的一个元素
update( )	s. update({4,5})	{1, 2, 3, 4, 5}	向可变集合添加其他集合的元素
clear( )	s. clear( )	set( )	清空可变集合中的所有元素,返回空集
min( )	min(s)	1	返回集合中最小的元素
max( )	max(s)	3	返回集合中最大的元素
sum( )	sum(s)	6	将集合中的所有元素累加

上面的集合 s 可用下面的 for 循环执行迭代操作,输出每个元素:

```
for i in s:print(i)
```

运行结果:

```
1
2
3
```

由于集合中的元素是不可变的，因此不能将可变对象放入集合。集合、列表和字典对象均不能加入集合。元组可以作为一个元素加入集合。示例如下:

```
>>>s = {1,2,3}
>>>s. add({4,5})                    #不能将可变集合(可变对象)加入集合
Traceback (most recent call last):
   File "<input>", line 1, in <module>
TypeError: unhashable type: 'set'
>>>s. add([4,5])                    #不能将列表(可变对象)加入集合
Traceback (most recent call last):
   File "<input>", line 1, in <module>
TypeError: unhashable type: 'list'
>>>s. add((4,5))                    #可以将元组(不可变对象)加入集合
>>>s
{(4, 5), 1, 2, 3}
>>>t = frozenset([4,5])
>>>s. add(t)                        #可以将冻结集合(不可变对象)加入集合
>>>s
```

```
{1, 2, 3, frozenset({4, 5}), (4, 5)}
>>>t. add(10)        #冻结集合是不可变集合,无法进行增加、删除、修改操作
Traceback (most recent call last):
  File "<input>", line 1, in <module>
AttributeError: 'frozenset'object has no attribute 'add'
```

5.1.3 包含判断和集合关系

1. 包含判断

运算符 in 和 not in 可用于判断某个元素是否在集合中。示例如下:

```
>>>s = {1,2,3}
>>>2 in s
True
>>>4 not in s
True
```

2. 集合关系

集合之间的关系包括子集、真子集、超集、真超集等关系,它们揭示了集合之间的包含关系。在 Python 中实现这些集合关系常用的函数和符号如表 5-2 所示。

表 5-2　集合关系常用的函数和符号

函数和符号	说明
<= 或 issubset( )	判断集合 A 是否为集合 B 的子集,即判断是否有 $A \subseteq B$ 的关系。如果是,则集合 B 包含集合 A 中的所有元素
<	判断集合 A 是否为集合 B 的真子集,即判断是否有 $A \subset B$ 的关系。如果是,则集合 A 是集合 B 的子集,并且集合 B 中至少有一个集合 A 中不存在的元素
>= 或 issuperset( )	判断集合 A 是否为集合 B 的超集,即判断是否有 $A \supseteq B$ 的关系。如果是,则集合 A 包含集合 B 中的所有元素
<	判断集合 A 是否为集合 B 的真超集,即判断是否有 $A \supset B$ 的关系。如果是,则集合 B 是集合 A 的子集,并且集合 A 中至少有一个集合 B 中不存在的元素
==	判断两个集合是否包含了完全相同的元素
!=	判断两个集合的元素不完全相同

示例如下:

```
>>>A = {1,2,3,4,5}
>>>B = {2,3,4}
>>>B<=A                    #判断子集
True
>>>B. issubset(A)         #使用 issubset()函数判断子集
True
>>>B<A                    #判断真子集
True
>>>A>=B                   #判断超集
True
>>>A. issuperset(B)       #使用 issuperset()函数判断超集
True
>>>A>B                    #判断真超集
True
>>>C = {4,3,2}
>>>B==C                   #判断两个集合是否包含了完全相同的元素
True
```

在该代码中，集合 B 和集合 C 在创建时，元素的顺序看上去不同，但集合是没有顺序的，所以这两个集合实际上是相同的。

用于比较大小的运算符>、>=、<、<=不能用来比较集合的大小。这是因为，集合没有顺序的序列，所以无法进行必须在规定顺序上的大小判断。但是这四个运算符可以用于集合，只是它们的意义不是判断元素大小，而是判断集合的包含关系。

5.1.4 集合运算

集合是由互不相同的元素对象所构成的无序整体。集合包含多种运算，这些集合运算会获得满足某些条件的元素集合。常用的集合运算包括并集、交集、差集、异或集等，当需要获得两个集合之间的并集、交集、差集等元素集合时，这些集合运算能够获取集合之间的某些特殊信息。例如，学生 A 选修课程的集合为{'网页设计','课件制作','动画设计'}；而学生 B 选修课程的集合为{'网页设计','动画设计','数据库系统','人工智能'}，要想获取这两个学生都选修了的课程，或者获取除了学生 B 选修的课程外，还有哪些是 A 选修的课程，就可以通过集合运算来实现。

1. 并集

由属于集合 A 或集合 B 的所有元素组成的集合称为集合 A 和集合 B 的并集，数学表达式为 $A \cup B = \{x \mid x \in A$ 或 $x \in B\}$。并集与集合 A、B 之间的关系如图 5-1 所示，其中阴影部分为并集。根据并集的数学定义，在上述例子中，两个学生的选修课程集合 A、B 的并集 $A \cup B$ 为 {'动画设计','网页设计','人工智能','数据库系统','课件制作'}，这表示学生 A 和 B 选修的课程。

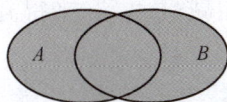

图 5-1　并集与集合 *A*、*B* 之间的集合

在 Python 中可以使用符号"|"或者集合方法 union 函数来获得两个集合的并集。示例如下：

```
>>>A={'网页设计','课件制作','动画设计'}
>>>B={'网页设计','动画设计','数据库系统','人工智能'}
>>>A|B
{'动画设计', '网页设计', '人工智能', '数据库系统', '课件制作'}
>>>A. union(B)
{'动画设计', '网页设计', '人工智能', '数据库系统', '课件制作'}
```

2. 交集

同时属于集合 *A*、*B* 的元素组成的集合称为集合 *A*、*B* 的交集，数学表达式为 $A \cap B = \{x \mid x \in A$ 且 $x \in B\}$。交集与集合 *A*、*B* 之间的关系如图 5-2 所示，其中阴影部分为交集。由交集的定义可知，学生 A 和 B 都选修的课程为集合{'动画设计','网页设计'}。

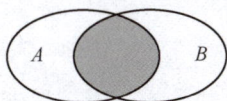

图 5-2　交集与集合 *A*、*B* 之间的关系

利用符号"&"或者集合方法 intersection 函数，可以获取两个集合对象的交集。示例如下：

```
>>>A&B
{'动画设计', '网页设计'}
>>>A. intersection(B)
{'动画设计', '网页设计'}
```

3. 差集

属于集合 *A* 而不属于集合 *B* 中的元素所构成的集合就是 *A* 和 *B* 的差集，数学表达式为 $A-B = \{x \mid x \in A, x \notin B\}$；反之，有差集 $B-A = \{x \mid x \in B, x \notin A\}$。差集与集合 *A*、*B* 之间的关系如图 5-3 所示，其中阴影部分为差集 $A-B$。若需要知道学生 A 选修的课程中有哪些是学生 B 未选修的，则可以通过求差集 $A-B$ 来获取。

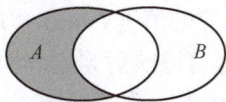

图 5-3　差集与集合 *A*、*B* 之间的关系

在 Python 中，可以简单地使用减号"−"来得到相应的差集，或者通过集合方法 difference 函数来实现。示例如下：

```
>>>A- B
{'课件制作'}
>>>A. difference(B)
{'课件制作'}
```

4. 异或集

属于集合 A 或集合 B，但不同时属于集合 A 和 B 的元素所组成的集合，称为集合 A 和 B 的异或集，其相当于 $(A \cup B)-(A \cap B)$。异或集与集合 A、B 之间的关系如图 5-4 所示，其中阴影部分为异或集。通过求得例子中集合 A 和 B 的异或集，就可以得知两个学生选修了哪些不同的课程。

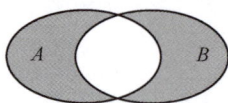

图 5-4　异或集与集合 A、B 之间的关系

在 Python 中，只要利用符号"^"或者集合方法 symmetric_difference 函数，就可以求出两个集合对象的异或集。示例如下：

```
>>>A^B
{'数据库系统', '课件制作', '人工智能'}
>>>A. symmetric_difference(B)
{'数据库系统', '课件制作', '人工智能'}
```

5.2　字典

列表中的数据是按顺序存放的，即数据是有序的。但生活中有些场景下的数据是无序的。例如，通讯录中的数据以名字来存取，通过名字就可以访问其电话、地址等数据。Python 提供了一种容器，其可以用名字作为索引来访问其中的数据，这种特殊的数据结构称为映射（mapping）。字典（dictionary）是 Python 中唯一内建的映射类型。

Python 中用"字典"这个词，就是因为这种形式与现实中的字典类似：每个单词是一个键，对应的数据就是它的解释，单词和它的解释形成了字典里的词条，一个字典由众多词条组成。字典中任意两个词条的单词都是不相同的，Python 字典中的键也是唯一的。

字典由多个键（key）及与其对应的值（value）构成的键值对组成，键与值共同构成一个映射关系，即键→值，每个键都可以映射到相应的值，就像身份证号码可以映射到名字一样。键和值的这种映射关系在 Python 中具体表示为 key：value，称为键值对。键和值之间用冒号隔开，冒号前面的是键、后面的是数据。注意：字典中的键必须使用不可变数据类型的对象（如数字、字符串、元组等），并且键是不允许重复的；值可以是任意类型的，且在字典中可以重复。

5.2.1 创建字典

Python 中常用的两种创建字典的基本方法分别是使用花括号{}创建和使用函数 dict 创建。

1. 使用花括号{}创建

创建字典时，只需要将字典中的一系列键和值按键值对的格式（key：value）传入花括号{}，并以逗号将键值对隔开。具体格式如下：

dict={key1:value1,key2:value2,…,key$n$:value$n$}

若在花括号 {} 中不传入任何键值对，则创建一个空字典。如果创建字典时重复传入相同的键，则会因为键在字典中不允许重复，所以字典最终以最后出现的重复键的键值为准。示例如下：

```
#使用花括号创建字典,对于重复键采用最后出现的对应值
>>>score={'zhang':78,'li':90,'zhang':75}
>>>score
{'zhang': 75, 'li': 90}
>>>s={}                    #创建空字典
>>>type(s)
<class 'dict'>
```

2. 使用函数 dict 创建

创建字典的另一个方法是使用 dict 函数。Python 中 dict 函数的作用实质上主要是将包含双值子序列的序列对象转换为字典类型。所谓双值子序列，就是包含两个元素的序列。例如，只包含两个元素的列表['name','Lily']、元组('age',18)，仅包含两个字符的字符串'ab'。各双值子序列中的第 1 个元素作为字典的键，第 2 个元素作为对应的值，即双值子序列中包含键值对的信息。例如，将元组(['name','zhang'],('age',20),'ab')传入 dict 函数，即可转换为字典类型。

除了可以通过转换方式创建字典外，还可以直接向 dict 函数传入键和值进行创建，其中，键和值通过"="进行分隔。注意，这种创建方式不允许键重复，否则会返回错误。具体格式如下：

dict(key1=value1,key2=value2,…,key$n$=value$n$)

对 dict 函数不传入任何内容时，就可以创建一个空字典。示例如下：

```
#使用 dict 函数转换列表对象为字典
>>>d1 = dict([['zhang',78],('li',90),('zhang',75),'ab'])
>>>d1
{'zhang': 75, 'li': 90, 'a': 'b'}
>>>d2 = dict(zero = 0,one = 1,two = 2)
>>>d2
{'zero': 0, 'one': 1, 'two': 2}
```

5.2.2　提取字典元素

与序列类型不同，字典作为映射类型数据结构既没有索引的概念，也没有切片操作等处理方法，字典中只有建立和值对应的映射关系，因此字典元素的提取主要是利用这种映射关系来实现。通过在字典对象后紧跟方括号[ ]包括的键可以提取相应的值，具体格式为dict[key]，即字典[键]。注意：传入的键要存在于字典中，否则会返回一个错误。示例如下：

```
>>>score = {'zhang':78,'li':90}
>>>score['zhang']                   #访问键为'zhang'的对应值
78
>>>score['Zhang']                   #提取字典中不存在的键'Zhang'所对应的值
Traceback (most recent call last):
    File "<input>", line 1, in <module>
KeyError: 'Zhang'
```

另外，还可以使用 get 函数灵活地提取字典元素。无论是否存在键，向 get 函数传入需要的键和一个代替值即可。若只传入键，则：当键存在于字典中时，函数会返回对应的值；当键不存在于字典中时，函数会返回 None，屏幕上什么都不显示。若同时传入键和代替值，则：当键存在时，返回对应值；当键不存在时，返回这个传入的代替值，而不是None。示例如下：

```
>>>score = {'zhang':78,'li':90}
>>>score. get('zhang')              #传入存在的键并返回对应值
78
>>>score. get('Zhang')             #传入不存在的键,返回 None,什么都不显示

>>>score. get('Zhang','not in this dict')   #传入不存在的键并返回代替值
'not in this dict'
```

5.2.3 字典基本操作

在 Python 的内置数据结构中，列表和字典是最灵活的数据类型。与列表类似，字典属于可变数据类型，因此可以对字典元素进行增加、删除、修改和查询等基本操作。Python 为字典提供了一系列处理方法。

1. 增加字典元素

直接利用键访问赋值的方式，可以向字典增加一个元素。若需要添加多个元素，或需要将两个字典合并，则可以使用 update 方法。

1) 使用键访问赋值的方式

使用字典元素提取方法传入一个新的键，并对其进行赋值，字典中会产生新的键值对。具体格式如下：

```
dict[new_key]=new_value
```

示例如下：

```
>>>score = {'zhang':75,'li':90}
>>>score['Liu']=86                    #添加元素
>>>score
{'zhang': 75, 'li': 90, 'Liu': 86}
```

2) update 方法

字典方法 update 能将两个字典中的键值对进行合并，传入字典中的键值对会赋值添加到调用函数的字典对象中。若两个字典中存在相同键，则传入字典中的键所对应的值会替换调用函数的字典对象中的原有值，实现值更新的效果。示例如下：

```
>>>score = {'zhang': 75, 'li': 90, 'Liu': 86}
>>>others=dict(wang=70,chen=95)
>>>score. update(others)              #使用 update 方法添加多个元素
>>>score
{'zhang': 75, 'li': 90, 'Liu': 86, 'wang': 70, 'chen': 95}
>>>score. update({'Liu':68})          #若与原字典中键相同,则更新原字典对应键的值
>>>score
{'zhang': 75, 'li': 90, 'Liu': 68, 'wang': 70, 'chen': 95}
```

2. 删除字典元素

使用 del 语句可以删除某个键值对。另外，字典也包含 pop 函数，只要传入键，函数就能将对应的值从字典中删除，不同的是必须传入参数。若需要清空字典内容，则可以使用字典方法的 clear 函数，其结果是返回空字典。

（1）使用 del 语句删除字典元素。格式如下：

```
del dict_name[key]
```

示例如下：

```
>>>score = {'zhang': 75, 'li': 90, 'Liu': 86}
>>>del score['Liu']
>>>score
{'zhang': 75, 'li': 90}
```

（2）使用 pop 语句删除字典元素。格式如下：

```
dict_name. pop(key)
```

若向 pop 语句传入需要删除的键，则会返回对应的值，并在字典中删除相应的键值对。示例如下：

```
>>>score = {'zhang': 75, 'li': 90, 'Liu': 86}
>>>score. pop('li')
90
>>>score
{'zhang': 75, 'Liu': 86}
```

（3）使用 clear 删除字典的所有元素，返回一个空字典。示例如下：

```
>>>score = {'zhang': 75, 'li': 90, 'Liu': 86}
>>>score. clear( )
>>>score
{}
```

为什么这个方法有用呢？考虑以下两种情况。
第 1 种：

```
>>>d1 = {}
>>>d2 = d1
>>>id(d1)
1758539105280
>>>id(d2)              #d2 和 d1 对应同一个字典
1758539105280
>>>d1['key'] = 'value'
>>>d2
{'key': 'value'}
>>>d1 = {}            #使用空字典{}重新赋值
>>>d2
```

```
{'key': 'value'}
>>>id(d1)              #d1 不再对应原来的字典,而是关联到一个新的空字典
1758539182848
>>>id(d2)              #d2 仍然对应原来的字典
1758539105280
```

第 2 种:

```
>>>d1 = {}
>>>d2 = d1
>>>id(d1)
1758539217536
>>>id(d2)                #d2 和 d1 对应同一个字典
1758539217536
>>>d1['key'] = 'value'
>>>d2
{'key': 'value'}
>>>d1. clear( )          #使用 clear 函数清空字典
>>>d2
{}
>>>id(d1)                #d1 仍然对应原来的字典
1758539217536
>>>id(d2)                #d2 仍然对应原来的字典
1758539217536
```

在这两种情况中, d1 和 d2 最初对应同一个字典。在第 1 种情况中, 通过将 d1 关联到一个新的空字典来"清空"它 (id(d1) 发生了变化), 这对 d2 没有任何影响, d2 仍关联到原来的字典 (id(d2) 未发生变化)。如果确定要清空原始字典 d1 中的所有元素, 就必须使用 clear 方法 (id(d1) 未发生变化), 这样 d2 随后也被清空了。

1. 修改字典元素

修改字典元素同样可以使用键访问赋值来实现。格式如下:

```
dict_name[key] = new_value
```

由此可以看出, 赋值操作在字典中非常灵活, 无论键是否存在于字典中, 所赋予的新值都会覆盖 (或添加) 到字典中。示例如下:

```
>>>score = {'zhang': 75, 'li': 90, 'Liu': 86}
>>>score['Liu'] = 88
>>>score
{'zhang': 75, 'li': 90, 'Liu': 88}
```

2. 查询和获取字典元素

在实际应用中，往往需要查询某个键（或值）是否在字典中，除了可以使用字典元素提取的方式进行查询外，还可以使用 Python 中的 in 进行判断。示例如下：

```
>>>score = {'zhang': 75, 'li': 90, 'Liu': 86}
>>>'li' in score
True
```

字典方法中有 keys( )、values( ) 和 items( ) 这三种方式可以用于提取键值信息，它们分别返回字典键、值和键值对的视图对象，当字典对象发生改变时，字典视图可实时反映字典的改变。

（1）keys( )方法可用于获取字典中的所有键。示例如下：

```
>>>score = {'zhang': 75, 'li': 90, 'Liu': 86}
>>>k = score. keys( )
>>>k
dict_keys(['zhang', 'li', 'Liu'])
>>>score['xu'] = 82
>>>score
{'zhang': 75, 'li': 90, 'Liu': 86, 'xu': 82}
>>>k                          #键的视图包含了新添加的键
dict_keys(['zhang', 'li', 'Liu', 'xu'])
```

（2）values( )可用于获取字典中的所有值。示例如下：

```
score = {'zhang': 75, 'li': 90, 'Liu': 86}
>>>v = score. values( )
>>>v
>>>dict_values([75, 90, 86])
>>>score['xu'] = 88
>>>v                          #值的视图包含了新添加的值
dict_values([75, 90, 86, 88])
```

（3）items( )可用于得到字典中的所有键值对。示例如下：

```
>>>score = {'zhang': 75, 'li': 90, 'Liu': 86}
>>>kv = score. items( )
>>>kv
dict_items([('zhang', 75), ('li', 90), ('Liu', 86)])
>>>score['xu'] = 88
>>>kv                          #键值对的视图包含了新添加的键值对
dict_items([('zhang', 75), ('li', 90), ('Liu', 86), ('xu', 88)])
```

```
>>>score['xu']=85
>>>kv                          #键值对的视图包含了新修改的键值对
dict_items([('zhang', 75), ('li', 90), ('Liu', 86), ('xu', 85)])
```

视图对象支持迭代操作，通常使用 for 循环对上面的键值对的视图进行遍历操作。示例如下：

```
>>>score=dict([('zhang', 75), ('li', 90), ('Liu', 86), ('xu', 85)])
>>>for k in score. keys():print(k)
…
zhang
li
Liu
xu
>>>for v in score. values():print(v)
…
75
90
86
85
>>>for kv in score. items():print(kv)
…
('zhang', 75)
('li', 90)
('Liu', 86)
('xu', 85)
```

3. 获取字典大小

len( )函数可用于获取字典内条目的数量。示例如下：

```
>>>score=dict([('zhang', 75), ('li', 90), ('Liu', 86), ('xu', 85)])
>>>len(score)
4
```

4. 复制字典对象

copy( )函数可用于复制字典对象。示例如下：

```
>>>d1 = {'zhang': 75, 'li': 90, 'Liu': 86}
>>>d2 = d1                         #直接赋值时,d1 和 d2 引用同一个字典
```

```
>>>d2
{'zhang': 75, 'li': 90, 'Liu': 86}
>>>d2['zhang']=78                    #通过 d2 修改字典
>>>d1,d2                             #显示结果相同,d1 也被修改
({'zhang': 78, 'li': 90, 'Liu': 86}, {'zhang': 78, 'li': 90, 'Liu': 86})
>>>d2 is d1
True
>>>d2=d1. copy()                     #d2 引用赋值的字典
>>>d2['zhang']=80                    #不影响 d1 相应的键所对应的值
>>>d1,d2                             #显示结果不同,d1 未被修改
({'zhang': 78, 'li': 90, 'Liu': 86}, {'zhang': 80, 'li': 90, 'Liu': 86})
>>>d2 is d1                          #判断是否引用相同对象
False
```

从以上代码可以看到，使用 copy( ) 函数返回一个具有相同键值对的新字典（浅复制，因为值本身就相同，而不是副本），当在 d2 中替换值的时候，原始字典 d1 不受影响，但如果修改了某个值（原地修改，而不是替换），则原始字典也会改变，因为同样的值也存储在原字典中。为了避免这个问题，可以使用深复制（deep copy），即复制其包含所有的值。可以使用 copy 模块的 deepcopy 函数来完成操作。示例如下：

```
>>>from copy import deepcopy
>>>d1 = {}
>>>d1['name']=['liu','li']
>>>d2=d1. copy( )
>>>d3=deepcopy(d1)
>>>d1['name']. append('Lucy')
>>>d1
{'name': ['liu', 'li', 'Lucy']}
>>>d2
{'name': ['liu', 'li', 'Lucy']}
>>>d3
{'name': ['liu', 'li']}
```

采用深复制的方法得到的副本与原来的字典是完全独立的两个字典，当副本中的值发生变化时，原来的字典不受影响。

5.3　案例：团结合作才是正道

5.3.1　案例任务

小张、小李、小王、小赵、小孙、小周共 6 名同学随机组队参加大学生创新创业大赛，每队 3 名同学，组成两队。同一名学生可以同时参与两支队伍。试用 Python 程序模拟组队，并求：

（1）哪几名同学参与了大学生创新创业大赛？

（2）哪几名同学没有参与大学生创新创业大赛？

（3）是否有同学同时参加了两支队伍？如果有，则输出学生名字。

5.3.2　案例分析和实现

1. 案例分析

本案例需要从 6 名同学中随机抽取 3 名同学组成第一支队伍，再从同样的 6 名同学中随机抽取 3 名同学组成第二支队伍，同一名同学可被重复抽取。

我们可以通过集合的特性，通过集合的运算分别求出，两支队伍的交集、并集和补集。

2. 案例实现

第 1 步：先将这 6 名同学的名字录入一个列表中，通过列表指令和 random 方法，抽取两个子列表。

```
>>>import random
>>>students = ['zhang','li','wang','hu','sun','zhou']  #录入六人姓名成为列表
>>>team1 = random.sample(students, 3)                  #随机抽取三个元素(队伍 1)
>>>team2 = random.sample(students, 3)                  #随机抽取三个元素(队伍 2)
```

第 2 步：将这两支队伍列表转化为集合，也同时将 6 名学生的名单转化为集合。

```
>>>set_team1 = set(team1)
>>>set_team2 = set(team2)
>>>set_student = set(students)
```

第 3 步：计算两支队伍的并集、交集、补集。

```
>>>union_set = set_team1 | set_team2
>>>intersection_set = set_team1 & set_team2
>>>rest_set = set_student - union_set
```

第4步：构建结果字典。

```
>>>result = {
         'union' :union_set,
         'intersection' :intersection_set,
         'rest' : rest_set
         }
```

第5步：测试输出结果。

```
>>> print("第一支队伍:", set_team1)
>>> print("第二支队伍:", set_team2)
>>>print("参加了竞赛的学生:", result[' union' ])
>>>print("参加两支队伍的学生:", result[' intersection' ])
>>> print("没有参加竞赛的学生:", result[' rest' ])
```

5.3.3 总结和启示

本案例模拟了小张、小李、小王、小赵、小孙、小周共6名同学随机组队参加大学生创新创业大赛的过程。通过 Python 程序，我们不仅完成了队伍的随机分配，还对参与竞赛的学生进行了统计和分析。通过本案例的实现，我们可深入理解并应用集合的基本操作——如何求并集、交集、差集和补集。集合操作在统计分析中非常强大和高效，尤其适用于去重和关系运算。

在此案例中，我们可以发现，目前的学科竞赛更加鼓励学生组成团队参赛，这不仅有助于提升个人的综合能力，还能培养团队合作精神和协作能力。在现代社会中，解决复杂问题往往需要多学科、多领域的协同合作，团队参赛正是为学生提供了这样一个实践平台。通过团队合作，学生可以互相学习、互相激励、集思广益，共同面对挑战，完成单独个体难以完成的任务。在本案组成团队过程中，使用随机抽取的方法，也体现出比赛公平公正的原则。

5.4 本章小结

本章介绍了 Python 中的两种无序的数据容器：集合和字典。

集合中没有重复的数据，数据没有位置和顺序，不能用索引来存取。集合可分为可变集合和不可变集合。可变集合中的元素可以进行增加、删除操作。不可变集合不能被修改。集合中的元素对象必须是不可变的。集合支持交、并、差等集合运算。

字典用键值对来存储数据，通过键来存取数据，其中键可以是数字、字符串等不可变数据类型，键所对应的值可以是任何类型，数字、字符串甚至列表和字典都可以作为值存放在字典中。可以对字典中的元素进行增添、删除、修改等操作。

综合实验

【实验目的】

掌握集合和字典的创建和使用方法。

【实验内容】

输入一组候选人姓名来实现唱票，根据唱票结果输出所有候选人名单，并统计唱票结果。具体过程如下：

1. 输入数据。显然，需要不断地读入每次唱票中的候选人姓名，如果读入的是 END，则循环结束。可以采用列表来存放候选人姓名。

2. 统计唱票结果。所有候选人名单可以存放在集合中，以去除重复的姓名。然后，通过双重循环来统计每位候选人在唱票时出现的次数，并将姓名和统计次数以字典的形式储存。

3. 输出结果。打印输出候选人名单集合和统计结果的字典。

具体操作步骤如下：

（1）在 Windows 操作系统的"开始"菜单中选择"Python 3.12"→"IDLE"命令，启动IDLE交互环境。

（2）在 IDLE 交互环境中选择"File"→"New"命令，打开源代码编辑器。

（3）在源代码编辑器中输入以下代码：

```python
#存放唱票结果
namelist = []
#循环读取唱票中的候选人姓名,直到输入"END"时结束
while True:
    name=input("请输入候选人姓名： ")
    if name== 'END':
        break
    namelist. append(name)
#所有候选人姓名存放在集合 nameset 中
nameset=set(namelist)
#唱票结果存放在字典 namecount 中
namecount={}
#统计唱票结果
for i in nameset:
    count=0
    for j in namelist:
        if i==j:
            count +=1
    #将每位候选人的统计结果存放到字典中
    namecount[i]=count
```

```
#输出候选人名单
print(nameset)
#输出唱票统计结果
print(namecount)
```

（4）按【Ctrl+S】组合键保存程序文件，将文件命名为 practice5. py。

（5）按【F5】键运行程序，在 IDLE 交互环境显示运行结果，如图 5-5 所示。

图 5-5　程序 practice5. py 的运行结果

【实验总结】

1. 收获

_____

_____

_____

_____

2. 需要改进之处

_____

_____

_____

_____

习　题

扫描二维码
获取习题答案

一、选择题

1. 下列属于无序容器的是（　　）。

A. 列表　　　　　　　B. 元组　　　　　　　C. 字符串　　　　　　D. 集合

2. 下列不是集合的是（　　）。

A. {}　　　　　　　　B. {1}　　　　　　　　C. {1,'abc'}　　　　　D. {1,('a','b')}

3. 下列选项中，存在语法错误的是（　　）。

A. {1:'one',2:'two'}　　　　　　　　　　B. {'one':1,'two':2}

C. {[1]:'one',[2,3]:'two'}　　　　　　　　D. {'one':[1],'two':[2,3]}

4. 对于操作 a[3]=5，a 的类型不可能是（　　　）。

A. 列表　　　　　　B. 元组　　　　　　C. 集合　　　　　　D. 字典

5. 对于字典 dict={2:'two',3:'three',1:'one'} 进行操作 dict[1]='ONE'，此时字典 dict 将变为（　　　）。

A. {2:'two',3:ONE,1:'one'}　　　　　　B. {2:'two',3:'three',1:'ONE'}

C. {2:'two',3:'three',1:'one',1:'ONE'}　　D. {2:ONE,3:'three',1:'one'}

二、编程题

1. 有两个集合，集合 A：{1,3,5,7} 和集合 B：{4,5,6,7,8}，计算这两个集合的差集、并集和交集。从键盘输入一个数据，判断其是否在集合 A 或集合 B 中。

2. 给定有关生日信息的字典 {'小明':'3月1日','小红':'12月10日','小丽':'10月11日','小强':'9月28日'}。查询小明的生日并将其修改为6月1日，将小丽的生日信息删除，增加小东的生日信息为10月11日。

第 6 章
函　数

函数是完成特定任务的语句集合，调用函数会执行其包含的语句。函数的返回值通常是函数的计算结果，调用函数时，根据使用的参数不同可获得不同的返回值。Python 利用函数来实现代码复用。模块是程序代码和数据的封装，也是 Python 实现代码复用的方法之一。在 Python 程序中，可导入模块中定义的变量、函数或类，并加以使用。

本章要点

- 掌握函数的定义与调用方法。
- 掌握形参和实参的参数传递方式。
- 理解函数的返回值。
- 掌握递归函数的使用。
- 理解变量的作用域。

6.1　Python 函数

变量、流程控制语句和函数是程序中最基础的组件，无论多么复杂的程序都可以由这些基本组件搭建而成。函数是一段能用于完成某个具体任务并可以在程序中复用的代码，是每种编程语言必不可少的基础之一。函数的好处是既方便程序用户调用，又方便开发者维护。

6.1.1　定义函数

函数是为了优化代码执行效率、减少冗余而提供的最基本的程序结构。在实际开发过程中，同一段代码执行逻辑可能被重复使用，如果程序由一段冗余的程序控制语句完成，则代码的可读性会变差很多，其解决方法是将重复的代码执行逻辑封装起来形成函数，在使用时直接调用，从而提高代码的重用性。

函数实现了对整段程序逻辑的封装，通过封装可以将某个功能的整段代码从程序执行流程中隔离出来。在实际开发过程中，如果有若干段代码的执行逻辑完全相同，那么可以考虑将这些代码抽取成一个函数。在调用函数之前，需要定义函数。定义函数的语法格式如下：

```
def 函数名(参数列表):
    函数体
    return 表达式
```

需要注意的是，函数名是一种标识符，命名规则为全小写字母，可以使用下划线增加可阅读性，如 show_info。参数列表用圆括号括起来，各个参数使用逗号隔开，表示传递给函数的值或变量引用，当没有参数时，形参列表为空。函数体是函数执行的代码块。

函数既可以有返回值，也可以没有返回值。如果函数体中包含 return 语句，就返回；否则，不返回，即返回值为空。其中，参数和返回值都可以省略。示例如下：

```
>>> def hello():                    #定义函数
    print('Hello world')
…
>>> hello()                         #调用函数
Hello world
```

其中，hello( )函数没有参数和返回值，它调用 print( )函数输出一个字符串。

为函数指定参数时，参数之间用逗号分隔。下面例子为定义两个参数，并返回两个参数的和。

```
>>> def add(a,b):                   #定义函数
…    return a+b
…
>>> add(1,2)                        #调用函数
3
```

6.1.2　调用函数

调用函数的基本格式：

函数名(参数表)

在 Python 中，所有的语句都是解释执行，def 也是一条可执行语句，它完成函数定义，所以 Python 中函数的调用必须出现在函数的定义之后。在 Python 中，函数也是对象，def 语句在执行时会创建一个函数对象；函数名是一个变量，它引用 def 语句创建的函数对角；可将函数名赋值给变量，使变量引用该函数。示例如下：

```
>>> def add(a,b):                    #定义函数
        return a+b
...
>>> add                              #直接用函数名,可返回函数对象的内存地址
<function add at 0x00D41078>
>>> add(10,15)                       #调用函数
25
>>>x＝add                            #将函数名赋值给变量
>>>x(1,3)                            #通过变量调用函数
>>>4
```

【例 6-1】定义一个函数，输入 3 个数，比较这 3 个数的大小。

程序代码：

```
def max_number(a,b,c):               #定义函数名为 max_number,该函数有 3 个参数
    max＝a                           #将 a 设置为最大值
    if(max<b):                       #比较最大值与 b 的大小
        max＝b
    if(max<c):                       #比较最大值与 c 的大小
        max＝c
    return max
number1＝int(input("请输入第 1 个数:"))
number2＝int(input("请输入第 2 个数:"))
number3＝int(input("请输入第 3 个数:"))
result＝max_number(number1,number2,number3,)        #调用函数,获取最大值
print("最大的值为:",result)
```

程序输入：

```
请输入第 1 个数:56↙
请输入第 2 个数:34↙
请输入第 3 个数:78↙
```

输出结果：

最大的值为:78

6.1.3 函数的参数

函数定义时，参数表中的参数称为形式参数，简称形参。调用函数时，参数表中提供的参数称为实际参数，简称实参。实参可以是常量、表达式或变量。实参是常量或表达式时，直接将常量或表达式的计算机结果传递给形参。在 Python 中，变量保存的是对象的引用，实参为变量时，参数传递会将实参对象的引用赋值给形参。

1. 参数的多态性

多态是面向对象的特点之一，不同对象执行同一行为可能会得到不同的结果，同一函数传递的实参类型不同时，可获得不同的结果，从而体现多态性。示例如下：

```
>>> def add(a,b):              #定义函数
      return a+b
…
>>>add(1,2)                    #执行数字加法
3
>>>add('abc','ert')           #执行字符串连接
'abcert'
>>>add((1,2),(3,4))           #执行元组合并
(1,2,3,4)
>>>add([1,2],[3,4])           #执行列表合并
[1,2,3,4]
```

2. 参数赋值传递

通常，调用函数时会按参数的先后顺序，依次将实参传递给形参。Python 允许以形参赋值的方式将实参传递给指定的形参。示例如下：

```
>>> def add(a,b):
…    return a+b
…
>>> add(a='ab',b='cd')        #通过赋值来传递参数
'abcd'
>>>add(b='ab',a='cd')         #通过赋值来传递参数
'cdab'
```

采用参数赋值传递时，因为指明了形参名称，所以参数的先后顺序无关紧要。参数赋值传递的方式称为关键字参数传递。

3. 参数传递与共享引用

示例如下：

```
>>> def f(x):
...   x=5
...
>>>a=8
>>>f(a)
>>>a
8
```

从结果可以看出，将实参 a 传递给形参 x 后，在函数中重新赋值 x，并不会影响实参 a。这是因为，Python 中的赋值是建立变量到对象的引用，重新赋值形参时，形参引用了新的对象。

4. 传递可变对象的引用

当实参引用的是可变对象（如列表、字典等）时，若在函数中修改形参，则通过共享引用，实参也获得修改后的对象。示例如下：

```
>>> def f(a):
...   a[0]='abc'          #修改列表的第一个值
...
>>>x=[1,2]
>>>f(x)                    #调用函数,传递列表对象的引用
>>>x                       #变量 x 引用列表对象在函数中修改
['abc',2]
```

如果不希望对函数中的修改影响函数外的数据，则应注意避免传递可变对象的引用。如果要避免列表在函数中被修改，可将列表的复制作为实参。示例如下：

```
>>> def f(a):
...   a[0]='abc'          #修改列表的第一个值
...
>>>x=[1,2]
>>>f(x[:])                 #传递列表的复制
>>>x                       #结果显示原列表不变
[1,2]
```

此外，还可以在函数中对列表进行复制，调用函数时，实参使用引用列表的变量。示例如下：

```
>>> def f(a):
...   a=a[:]              #复制列表
```

```
...     a[0]='abc'                    #修改列表的复制
...
>>>x=[1,2]
>>>f(x)                               #调用函数
>>>x                                  #结果显示原列表不变
[1,2]
```

5. 有默认值的可选参数

在定义函数时，可以为参数设置默认值。调用函数时，如果未提供实参，则形参取默认值。示例如下：

```
>>> def add(a,b=-3):                  #参数 b 的默认值为-3
...     return a+b
...
>>>add(1,2)
3
>>>add(1)
-2
```

6. 接受任意个数的参数

在定义函数时，可在参数名前面使用星号（＊），从而表示形参是一个元组，则可接受任意个数的参数。调用函数时，可以不为带星号的形参提供数据。示例如下：

```
>>> def add(a,＊b):
...     s=a
...     for x in b:                   #用循环迭代元组 b 中的对象
...         s+=x                      #累加
...         return s                  #返回累加结果
...
>>>add (1)                            #不为带星号的形参提供数据,此时形参 b 为空元组
1
>>>add(1,2)                           #求 2 个数的和,此时形参 b 为元组(2)
3
>>>add(1,2,3)                         #求 3 个数的和,此时形参 b 为元组(2,3)
6
>>>add(1,2,3,4,5)                     #求 4 个数的和,此时形参 b 为元组(2,3,4,5)
15
```

7. 必须通过赋值传递的参数

Python 允许使用必须通过赋值传递的参数，在定义函数时，带星号参数之后的参数必

须通过赋值传递。示例如下：

```
>>> def add(a, * b,c):
...     s=a+c
...     for x in b:
...         s+=x
...     return s
...
>>>add(1,2,3)                    #形参 c 未使用赋值传递，出错
Traceback(most recent call list):
  File" <stdin>",line 1,in <module>
TypeError:add() missing 1 required keyword- only argument:'c'
>>>add(1,2,c=3)                  #形参 c 使用赋值传递
6
>>>add(1,c=3)                    #带星号的参数可以省略
4
```

在定义函数时，也可以单独使用星号，但其后的参数必须通过赋值传递。示例如下：

```
>>> def f(a, * ,b,c):            #参数 b 和 c 必须通过赋值传递
...     return a+b+c
...
>>>f(1,b=2,c=3)
6
```

【例 6-2】定义一个函数，输入三角形三条边的长度，判断此三角形是普通三角形、直角三角形、等腰三角形、等边三角形或不能组成三角形。

程序代码：

```
def triangle(a,b,c):
    if(a+b>c and a+c>b and b+c>a):
        print('组成三角形',a,b,c)
        if(a==b==c):
            print("等边三角形")
        elif(a==b or a==c or b==c):
            print("等腰三角形")
        elif(a * * 2+b * * 2==c * * 2 or a * * 2+c * * 2==b * * 2 or b * * 2+c * * 2==a * * 2):
            print("直角三角形")
        else:
            print("普通三角形")
    else:
```

```
        print("不能组成三角形")
if __name__ == '__main__':
    print("请输入三角形的 3 条边:")
    x=int(input("请输入第 1 条边:"))
    y=int(input("请输入第 2 条边:"))
    z=int(input("请输入第 3 条边:"))
    triangle(x,y,z)
```

程序输入:

请输入三角形的 3 条边:
请输入第 1 条边:3↙
请输入第 2 条边:4↙
请输入第 3 条边:5↙

输出结果:

组成三角形 3 4 5
直角三角形

6.1.4 函数嵌套定义

Python 允许在函数内部定义函数,即内部函数。示例如下:

```
>>> def add(a,b):                 #参数 b 和 c 必须通过赋值传递
...     def getsum(x):  #在函数内部定义函数,其作用是将字符串转换为 Unicode 码求和
...         s=0
...         for n in x:
...             s+=ord('n')
...         return s
...     return getsum(a)+getsum(b)     #调用内部定义的函数 getsum( )
...
>>> add('12','34')                #调用函数
440
```

注意: 内部函数只能在函数内部使用。

6.1.5 lambda 函数

lambda 函数也称表达式函数,用于定义匿名函数,可将 lambda 函数赋值给变量,通过变量调用函数。lambda 函数定义的基本格式如下:

```
lambda 参数表:表达式
```

在 lambda 语句中，冒号前的参数表为函数参数，若有多个参数就必须使用逗号分隔；冒号后的表达式为函数的语句，其结果为函数的返回值。对于 lambda 语句，应该注意以下 4 点：

（1）lambda 定义的是单行函数，如果需要复杂的函数，则应使用 def。

（2）lambda 语句可以包含多个参数。

（3）lambda 语句有且只有一个返回值。

（4）lambda 语句中的表达式不能含有命令，且仅限一个表达式。

示例如下：

```
>>>add=lambda a,b:a+b            #参数 b 和 c 必须通过赋值传递
>>>add(1,2)                      #函数调用格式不变
3
>>>add('ab','cd')
'abcd'
```

lambda 函数非常适合于定义简单的函数。与 def 不同，lambda 函数体只能是一个表达式，可在表达式中调用其他函数，但不能使用其他语句。示例如下：

```
>>>add=lambda a,b:ord(a)+ord(b)
>>>add('1','2')
99
```

6.1.6　递归函数

函数调用自身的编程技巧称为递归（recursion）。递归作为一种算法，在程序设计中被广泛应用。它通常把一个大型复杂的问题层层转化为一个与原问题相似的规模较小的问题来求解，递归策略仅需少量程序就能描述解题过程所需的多次重复计算，从而大大减少程序的代码量。

递归函数可以在函数内部直接或间接地调用自己，即函数的嵌套调用的是函数本身。需要注意的是，函数不能无限递归，否则会耗尽内存。在一般的递归函数中，需要设置终止条件。例如，将函数 fac( ) 用于计算阶乘，代码如下：

```
>>> def fac(n):                  #定义函数
…   if n==0:                     #递归调用的终止条件
…       return 1
…   else:
…       return n * fac(n- 1)     #递归调用函数本身
…
>>>fac(5)
120
```

注意：递归函数必须在函数体中设置递归调用的终止条件，如果没有设置递归调用的终止条件，程序会在超过 Python 允许的最大递归调用深度后，产生 RecursionError 异常（递归调用错误）。

斐波那契数列是一个经常使用递归方式定义的数学函数，表示为

$$\text{fib}(n) = \begin{cases} 1, & n=0 \quad (1) \\ 1, & n=1 \quad (2) \\ \text{fib}(n-1)+\text{fib}(n-2), & n \geq 2 \quad (3) \end{cases}$$

其中，公式（1）和公式（2）是终止条件，公式（3）是递归条件。程序代码如下：

```
def fib(n):                    #返回下标为 n 的斐波那契数
    if n==0 or n==1:
        return 1
else:
    return fib(n- 1)+fib(n- 2)
fib(4)
```

【例 6-3】编写一个递归函数，实现 $n! = 1 \times 2 \times 3 \times \cdots \times n$，其中 n 的值由键盘输入。

程序代码：

```
def factorial(n):             #定义一个函数,函数名为 factorial,该函数接收一个形参 n
    if n==1:                  #如果 n=1,则不需要调用递归函数,直接返回
        result=1
    else:
        result=n * factorial(n- 1)      #如果 n>1,则直接调用递归,实现阶乘
    return result
if __ name __ == '__ main __':
    n=int(input("请输入一个正整数:"))
    result=factorial(n)                        #调用计算结果
    print("1 * 2 * … * %d 的结果为:%d"%(n,result))
```

程序输入：

请输入一个正整数:5↙

程序输出：

1 * 2 * … * 5 的结果为:120

上述程序运行过程如图 6-1 所示。

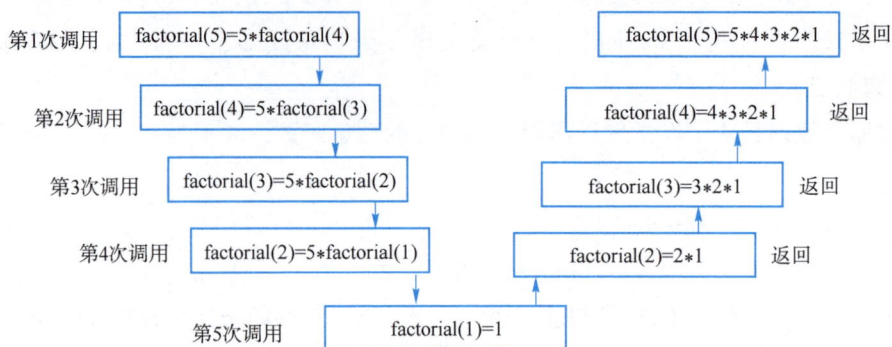

图 6-1　计算 5! 的递归调用过程

6.1.7　函数列表

因为函数是一种对象，所以可将其作为列表元素使用，然后通过列表索引来调用函数。示例如下：

```
>>>d=[lambda a,b:a+b,lambda a,b:a * b]      #使用 lambda 函数建立列表
>>>d[0](1,3)                                #调用第一个函数
4
>>>d[1](1,3)                                #调用第二个函数
3
```

也可以使用 def 定义的函数来创建列表。示例如下：

```
>>>def add(a,b):                            #定义求和函数
…      return a+b
…
>>>def fac(n)                               #定义求阶乘函数
…      if n==0:
…          return 1
…      else:
…          return n * fac(n- 1)
…
>>>d=[add,fac]                              #建立函数列表
>>>d[0](1,2)                                #调用求和函数
3
>>>d[1](5)                                  #调用求阶乘函数
120
```

```
>>>d=(add,fac)
>>>d[0](2,3)
5
>>>d[1](5)
120
```

Python 还允许使用字典来建立函数映射。示例如下：

```
>>>d={'求和':add,'求阶乘':fac}         #用函数 add()和 fac()建立函数映射
>>>d['求和'](1,2)                    #调用求和函数
3
>>>d['求阶乘'](5)                    #调用求阶乘函数
120
```

【例 6-4】使用 lambda 函数实现列表的排序与加法运算。
程序代码：

```
add =lambda x,y:x+y                      #定义 lambda 函数，该函数有两个参数 x,y,求和
print(add(1,2))                          #调用 lambda 函数，并输出计算后的值
list1={3,5,- 4,- 1,0,2,6}               #定义一个列表，该列表有 7 个元素
print(sorted (list1,key=lambda x:abs(x)))   #调用 lambda 函数，实现元素按绝对值大小排序
```

运行结果：

```
3
[0, - 1, 2, 3, - 4, 5, 6]
```

6.2 变量的作用域

变量的作用域是指变量的可使用范围，也称为变量的命名空间。在第一次给变量赋值时，Python 创建变量，变量创建的位置决定了变量的作用域。

6.2.1 作用域分类

Python 中的变量作用域可分为 4 种：本地作用域、函数嵌套作用域、文件作用域和内置作用域。

 • 本地作用域：没有内部函数时，函数体为本地作用域。函数内通过赋值创建的变量、函数参数都属于本地作用域。
 • 函数嵌套作用域：包含内部函数时，函数体为函数嵌套作用域。

- 文件作用域：程序文件的内部为文件作用域。
- 内置作用域：Python 运行时的环境为内置作用域，它包含了 Python 的各种预定义变量和函数。

内置作用域和文件作用域可称为全局作用域。作用域外部的变量和函数可以在作用域内使用；但是，作用域内的变量和函数不能在作用域外使用。根据作用域范围的大小，通常将变量名分为两种：全局变量和本地变量。在内置作用域和文件作用域中定义的变量和函数都属于全局变量。在函数嵌套作用域和本地作用域内定义的变量和函数都属于本地变量，本地变量也称为局部变量。变量的作用域关系如图 6-2 所示。

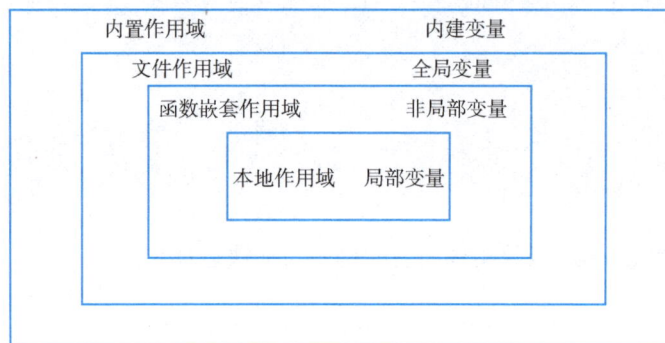

图 6-2　变量的作用域关系

示例如下：

```
#文件作用域
a=10                    #a 为全局变量
def add(b):             #参数 b 是函数 add()内的本地变量
    c=a+b               #c 是函数 add()内的本地变量,a 是函数 add()外部的全局变量
    return c
print(add(5))           #调用函数
```

该程序在运行过程中会创建 4 个变量：a、b、c 和 add( )。其中，a 和函数 add( )是文件作用域内的全局变量，b 和 c 是函数 add( )内部的本地变量。另外，该程序还用到了 print( )这个内置函数，它是内置作用域中的全局变量。函数内部的本地变量在调用函数时（即函数执行期间）才会被创建。函数执行结束后，本地变量也会从内存中被删除。

作用域外的变量与作用域内的变量名相同时，先执行本地变量（将外部的变量屏蔽）。示例如下：

```
>>>a=10                         #赋值创建全局变量 a
>>>def show( ):
…    a=100                      #赋值创建本地变量 a
…    print('in show( ):a=',a)   #输出本地变量 a
…
>>>show( )
```

136

```
in show( ):a=100
>>>a                                              #输出全局变量a
10
```

将上面的函数修改，代码如下：

```
>>>a=10
>>>def show():
…      print('a=',a)                   #这里的a是本地变量,此时还未创建该变量
…      a=100                           #对本地变量a赋值
…      print('a=',a)
…
>>>show( )
Traceback (most recent call last):
    File"<stdin>",line 1, in <module>
    File"<stdin>",line 2, in show
unboundlocalError:local variable'a'referenced before assignment
```

程序运行的错误信息提示：出错的原因是在赋值之前引用了变量 a。这是因为，在函数 show( )内部有变量 a 的赋值语句，所以函数内部是变量 a 的作用域。函数 show( )的第 1 条语句中的变量 a 是本地变量，此时它还未被创建（因为创建变量 a 的赋值语句在其之后），所以程序会出错。

6.2.2　global 语句

在函数内部为变量赋值时，默认情况下该变量为本地变量。为了在函数内部为全局变量赋值，Python 提供了 global 语句，用于在函数内部声明全局变量。示例如下：

```
>>>def show():
…      global a                        #声明a是全局变量
…      print('a=',a)                   #输出全局变量a
…      a=100                           #为全局变量a赋值
…      print('a=',a)
…
>>>a=10
>>>show( )
a=10
a=100
>>>a
100
```

在该代码中，由于在函数内部使用了 global 语句进行声明，所以代码中的 a 都是全局变量。

📠 6.2.3   nonlocal 语句

在嵌套函数内使用与外层函数同名变量时，若该变量在嵌套函数内部没有被赋值，则该变量就是外层函数的本地变量。调用上例中的 show( ) 函数示例如下：

```
>>>def test():
…      a=10                                    #创建 test()函数的本地变量 a
…      def show():
…          print('in show(),a=',a)             #使用 test()函数的本地变量 a
…      show( )
…      print('in test(),a=',a)
…
>>>test ( )
in show(),a=10
in test(),a=10
```

修改该代码，在嵌套函数 show( ) 内部为 a 赋值，代码如下：

```
>>>def test():
…      a=10                                    #创建 test()函数的本地变量 a
…      def show():
…          a=100                               #创建 show()函数的本地变量 a
…          print('in show(),a=',a)             #使用 show()函数的本地变量 a
…      show( )
…      print('in test(),a=',a)                 #使用 test()函数的本地变量 a
…
>>>test ( )
in show(),a=100
in test(),a=10
```

如果要在嵌套函数内部为外层函数的本地变量赋值，可使用 nonlocal 语句。nonlocal 语句与 global 语句类似，声明变量是外层函数的本地变量。示例如下：

```
>>>def test():
…      a=10                                    #创建 test()函数的本地变量 a
…      def show():
…          nonlocal a                          #声明 a 是 test()函数的本地变量
…          a=100                               #为 test()函数的本地变量 a 赋值
…          print('in show(),a=',a)             #使用 test()函数的本地变量 a
…      show( )
```

```
…        print('in test(),a=',a)              #使用 test()函数的本地变量 a
…
>>>test ( )
in show(),a=100
in test(),a=100
```

6.3 内置函数

Python 中有很多内置函数（表 6-1），这些函数在解释器中可直接运行。

表 6-1 Python 内置函数

abs( )	dict( )	help( )	min( )	setattr( )
all( )	dir( )	hex( )	next( )	slice( )
any( )	divmod( )	id( )	object( )	sorted( )
ascii( )	enumerate( )	input( )	oct( )	staticmethod( )
bin( )	eval( )	int( )	open( )	str( )
bool( )	exec( )	isinstance( )	ord( )	sum( )
bytes( )	filter( )	issubclass( )	pow( )	super( )
bytearray( )	float( )	iter( )	print( )	tuple( )
callable( )	format( )	len( )	property( )	type( )
chr( )	frozenset( )	list( )	range( )	vars( )
classmethod( )	getattr( )	locals( )	repr( )	zip( )
compile( )	globals( )	map( )	reversed( )	__import__( )
complex( )	hasattr( )	max( )	round( )	
delattr( )	hash( )	memoryview( )	set( )	

6.3.1 sorted( )函数

sort 是应用在 list 上的方法，sorted( )可以对所有可迭代的对象进行排序操作。list 的 sort 方法返回的是对已存在的列表进行操作，无返回值；内建函数 sorted( )返回的是一个新的列表，而不是在原来的基础上进行的操作。sorted( )函数的格式如下：

```
sorted(iterable[,key[,reverse]])
```

参数说明：

- iterable：可迭代对象，如字符串、列表、元组等。
- key：主要是用来进行比较的元素，只有一个参数，具体函数的参数就取自可迭代对象，指定可迭代对象中的一个元素进行排序。
- reverse：排序规则，reverse 为 True 时为降序，reverse 为 False 时为升序（默认）。

返回值：返回重新排序的列表。

示例如下：

```
>>> a=[5,6,7,12,4,3]
>>> b=sorted(a)          #a 不变
>>> print(a)
[5, 6, 7, 12, 4, 3]
>>> print(b)             #b 是已经排序的列表
[3, 4, 5, 6, 7, 12]
```

6.3.2　map( )函数

map( )函数会根据提供的函数对指定序列做映射。map( )函数的格式如下：

```
map(function,iterable,…)
```

参数说明：

- function：以参数序列中的每一个元素调用 function 函数。
- iterable：序列。

返回值：包含每次 function 函数返回值的新列表或迭代器。

```
>>> print(list(map(lambda x:x**2,[1,2,3,4,5])))        #使用 lambda 匿名函数
[1, 4, 9, 16, 25]
>>> print(list(map(lambda x,y:x+y,[1,3,5,7,9],[3,5,6,7,8])))   #提供两个列表,对相同位
                                                                置的列表数据相加
[4, 8, 11, 14, 17]
```

【例6-5】定义一个序列，使用 map( )函数计算序列中各元素的平方，并将计算结果输出。

程序代码：

```
def square(x):           #定义一个函数名为 square,计算每个元素的平方
    return x**2
list=[1,2,3,4,5]         #定义一个列表
iterable=map(square,list) #使用 map()函数将列表中的元素应用到 square()函数上
for item in iterable:
    print(item,end=',')  #输出迭代器中的每一个元素
```

输出结果：

1,4,9,16,25,

6.3.3 zip() 函数

zip() 函数用于将可迭代的对象作为参数，将对象中对应的元素打包成一个个元组，然后返回由这些元组组成的列表或迭代器。如果各个迭代器的元素个数不一致，则返回的列表长度与最短的对象相同。zip() 函数的格式如下：

zip([iterable,…])

参数说明：
- iterable：一个或多个序列。

返回值：返回元组列表。

示例如下：

```
>>> a=[1,2,3]
>>> b=[4,5,6]
>>> c=[4,5,6,7,8]
>>> print(list(zip(a,b)))
[(1, 4), (2, 5), (3, 6)]
>>> print(list(zip(a,c)))          #元素个数与最短的列表一致
[(1, 4), (2, 5), (3, 6)]
```

用 zip() 函数创建字典是很方便的，只要把字典的键与值对调，就可以用 zip() 函数创建新字典，其条件是值可以当关键字。示例如下：

```
>>> d = {'bule':500,'red':100,'white':300}
>>> d1 =dict(zip(d. values(),d. keys( )))
>>> print(d1)
{500: 'bule', 100: 'red', 300: 'white'}
```

6.3.4 eval() 和 exec() 函数

eval() 函数计算指定表达式的值。也就是说，它要执行的 Python 代码只能是单个运算表达式（注意：eval 不支持任意形式的赋值操作），而不能是复杂的代码逻辑，这一点与 lambda 表达式比较相似。eval() 函数的格式如下：

eval(expression, globals=None, locals=None)

参数说明：

- expression：必选参数，是一个字符串类型的表达式或代码对象，用于运算。
- globals 和 locals：可选参数，默认值是 None。

返回值：如果 expression 是一个 code 对象，且在创建该 code 对象时，compile 函数的 mode 参数是' exec'，那么 eval( )函数的返回值是 None；否则，如果 expression 是一个输出语句（如"print( )"），则 eval( )返回结果为 None；否则，expression 表达式的结果就是 eval( )函数的返回值。

示例如下：

```
>>>x,y =3,7
>>>eval(' x+3 * y- 4' )
20
```

exec( )函数用于动态执行 Python 代码，返回程序运行结果。也就是说，exec( )函数可以执行复杂的 Python 代码，而不像 eval( )函数那样只能计算一个表达式的值。exec( )函数的格式如下：

```
exec(object[, globals[, locals]])
```

参数说明：

- object：必选参数，表示需要被指定的 Python 代码。它必须是字符串或代码对象。
- globals 和 locals：可选参数，同 eval( )函数。

返回值：exec( )函数的返回值永远为 None。

示例如下：

```
>>>exec(' print("Hello world")' )
Hello world
```

eval( )函数与 exec( )函数高度相似，其 3 个参数的意义和作用都相近。这两个函数的主要区别如下：

（1）eval( )函数只能计算单个表达式的值，而 exec( )函数可以动态运行代码段。

（2）eval( )函数可以有返回值，而 exec( )函数的返回值永远为 None。

6.3.5 all( )和 any( )函数

all( )和 any( )函数将可迭代的对象作为参数。只有参数都是 True 时，all( )函数才返回 True；否则，返回 False。如果只有一个参数为 True，则 any( )函数返回 True；如果参数全部是 False，则其返回 False。

示例如下：

```
>>> n=47
>>> all([1 if n%k!=0 else 0 for k in range[2,n]])
True
>>> n=15
>>> all([1 if n%k!=0 else 0 for k in range(2,n)])
False
>>> any([[],False,0])
False
```

6.4 案例：党员管理系统

6.4.1 案例任务

为了提高党员管理的效率，本案例构建了一个党员管理系统，同时强调团队合作、创新精神及为人民服务的宗旨。

任务：采用函数的方式编写一个简易的党员管理系统

实现以下功能：

（1）党员信息的录入（包括姓名、性别、年龄、职务、入党时间等）。

（2）党员信息的查询（按姓名或 ID 查询）。

（3）党员信息的修改（按 ID 修改党员信息）。

（4）党员信息的删除（按 ID 删除党员信息）。

（5）参加和查看党员活动。

6.4.2 案例分析和实现

系统需要实现的功能包括党员数据的录入、查询、修改、删除，以及参加和查看党员活动，分别采用函数实现。党员数据包括姓名、性别、年龄、职务、入党时间、党员活动，每个党员通过 ID 来区分。所有党员的信息要支持增删改查，因此采用字典存放更合适，将党员 ID 作为键，姓名、性别、年龄、职务、入党时间、党员活动作为值。其中，活动需要可以添加活动和查看活动，采用列表存放较合适。

具体实现代码如下：

```
#假设党员信息存储在一个字典中,每个元素是一个字典,ID 为 key,姓名、性别、年龄、
职务、入党时间为 value,代表一个党员
party_members = {}


# 添加党员信息
```

```python
def add_party_member(id, name, gender, age, position, join_time):
    party_members[id]={
        'name' : name,
        'gender' : gender,
        'age' : age,
        'position' : position,
        'join_time' : join_time,
        'activities' :[]
    }
    print(f"党员 {name} 已添加。")


# 查询党员信息，按姓名或 id，如果为空则查询所有
def find_party_member(query=''):
    for member in party_members:
        if query == member:    #根据 ID 查
            return party_members[member]
        elif query == party_members[member]['name']:    #根据名字查
            return party_members[member]
        elif query=='':    #查所有
            return party_members
    return None


# 修改党员信息
def update_party_member(idname, ** kwargs):
    member = find_party_member(idname)
    if member:
        member. update(kwargs)
        print(f"党员 {member['name']} 的信息已更新。")
    else:
        print(f"未找到 ID 或姓名为 {idname} 的党员。")


# 删除党员信息
def delete_party_member(idname):
    member = find_party_member(idname)
    if member:
        name=member['name']
```

```python
        del member
        print(f"党员 {name} 已删除。")
    else:
        print(f"未找到 ID 或姓名为 {idname} 的党员。")


def add_activity(id, activity_name, activity_time, content):
    """添加党员活动信息"""
    if id in party_members:
        party_members[id]['activities' ]. append({
            'name' : activity_name,
            'time' : activity_time,
            'content' : content
        })
    else:
        print("未找到该党员信息")


def list_activities(idname):
    """列出党员参与的活动信息"""
    member = find_party_member(idname)
    if member:
        return member['activities' ]
    else:
        return "未找到该党员信息"


print("=========添加党员信息==========")
add_party_member('001' , '张三' , '男', 40, '党支部书记' , '2003- 05- 01' )
add_party_member('002' , '李四' , '男', 20, '党员' , '2024- 06- 01' )


print("========添加党员活动并查询========")
add_activity('001' , '志愿服务活动' , '2024- 10- 01' , '参与社区志愿服务' )
m=list_activities('001' )
if m:
    print(m)


print("=========更新党员信息==========")
update_party_member('张三' , age=41)
```

```
print("=========打印所有党员信息=========")
rs=find_party_member()
for ikey in rs:
    print()
    for ikk in rs[ikey]:
        print(ikk,":",rs[ikey][ikk])


print("=========删除党员信息==========")
delete_party_member('002')
```

运行结果如下：

```
=========添加党员信息=========
党员 张三 已添加。
党员 李四 已添加。
=======添加党员活动并查询=======
[{'name':'志愿服务活动', 'time':'2024-10-01', 'content':'参与社区志愿服务'}]
=========更新党员信息==========
党员 张三 的信息已更新。
=========打印所有党员信息=========
name：张三
gender：男
age：41
position：党支部书记
join_time：2003-05-01
activities：[{'name':'志愿服务活动', 'time':'2024-10-01', 'content':'参与社区志愿服务'}]

name：李四
gender：男
age：20
position：党员
join_time：2024-06-01
activities：[]

=========删除党员信息==========
党员 李四 已删除。
```

6.4.3 总结和启示

本案例利用 Python 编程语言实现了一个简易的党员管理系统。该系统通过函数的方式实现了党员信息的录入、查询、修改、删除，以及参加活动和查看党员活动的功能。虽然这个系统相对简单，但它为我们提供了一个基本的框架和思路。在实际工作中，我们可以根据实际需求对系统进行扩展和优化，从而更好地为人民服务。

6.5 本章小结

在开发大型程序的过程中，程序的模块化非常重要。模块化可大大提高程序的可读性、可维护性、可复用性。本章主要介绍了函数定义、递归函数、变量作用域等内容，读者可通过学习本章内容来掌握函数的定义、调用和参数传递，同时掌握 lambda 函数、递归函数和函数列表的使用。在定义和使用函数时，应注意函数内外变量的作用域，以及 global 语句和 nonlocal 语句的作用和区别。

综合实验

【实验目的】

1. 掌握函数的定义与调用方法。
2. 掌握函数参数的传递方式。
3. 掌握列表常见函数的使用。

【实验内容】

求一个数列中的中位数。

分析：中位数是常见的统计量之一，是将一个列表的数据按照从小到大的顺序排列，提取中间的那个元素。对于元素不同的列表而言，中位数的计算方式分为以下两种：

（1）若列表中元素的个数为奇数，则中位数为排序后列表中间位置的那个数。

（2）若列表中元素的个数为偶数，则中位数为排序后列表中间位置的两个数的均值。

具体操作步骤如下：

（1）在 Windows 操作系统的"开始"菜单中选择"Python 3.12"→"IDLE"，启动 IDLE 交互环境。

（2）在 IDLE 交互环境中选择"File"→"New"命令，打开源代码编辑器。

（3）在源代码编辑器中输入如下代码：

```
def median(data):
    data. sort( )
```

```
        length=len(data)
        if(length%2)==1:
            half=length//2
            result=data[half]
        else:
            result=(data[length//2]+data[length//2-1])/2
        return result
list1=[1,15,3,5,6,8,23,9,11]
print(median(list1))
list2=[12,56,78,65,43,8,4,12]
print(median(list2))
```

（4）按【Ctrl+S】组合键保存程序文件，将文件名命名为 practice6. py。

（5）按【F5】键运行程序，IDLE 交互环境显示了结果，如图 6-3 所示。

```
IDLE Shell 3.12.4                                    —   □   ×
File  Edit  Shell  Debug  Options  Window  Help
    Python 3.12.4 (tags/v3.12.4:8e8a4ba, Jun  6 2024, 19:30:16) [MSC v.1940 64 bit (
    AMD64)] on win32
    Type "help", "copyright", "credits" or "license()" for more information.
>>>
    = RESTART: D:/pythonProject/practice6.py
    8
    27.5
>>>
                                                              Ln: 7  Col: 0
```

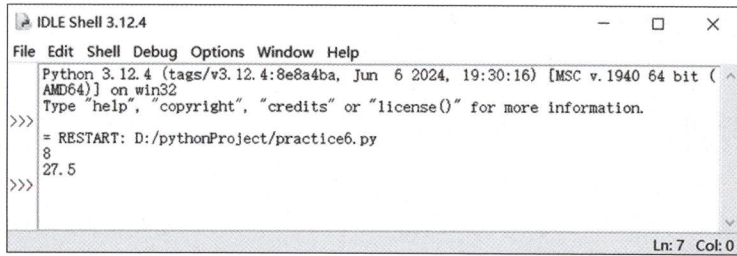

图 6-3　运行结果

【实验总结】

1. 收获

_____

_____

_____

_____

2. 需要改进之处

_____

_____

_____

_____

148

习 题

扫描二维码
获取习题答案

一、选择题

1. 下列关于函数的说法错误的是（   ）。

A. 函数使用 def 语句完成定义　　　　B. 函数可以没有参数

C. 函数可以有多个参数　　　　　　　D. 函数可以有多个返回值

2. 下列关于函数调用的说明错误的是（   ）。

A. 函数调用可以出现在任意位置

B. 函数也是一种对象

C. 可以将函数名赋值给变量

D. 函数名也是一个变量

3. 在一个函数中，若局部变量和全局变量同名，则（   ）。

A. 局部变量屏蔽全局变量

B. 全局变量屏蔽局部变量

C. 全局变量和局部变量都不可用

D. 程序错误

4. 在函数参数传递过程中，实参和形参的绑定方式是（   ）。

A. 变量名绑定　　　　　　　　　　　B. 关键字绑定

C. 位置绑定　　　　　　　　　　　　D. 变量类型绑定

5. 执行下面的语句后，输出结果是（   ）。

```
def func():
    global x
    x=200
x=100
func( )
print(x)
```

A. 0　　　　　　B. 100　　　　　　C. 200　　　　　　D. 300

二、编程题

1. 定义一个 lambda 函数，从键盘上输入 3 个整数，输出其中的最大值，程序运行示例如下：

```
请输入第 1 个数:25↙
请输入第 2 个数:3↙
请输入第 3 个数:78↙
其中最大值为:78
```

2. 在程序中定义一个函数，输出杨辉三角。程序运行示例如图 6-4 所示。

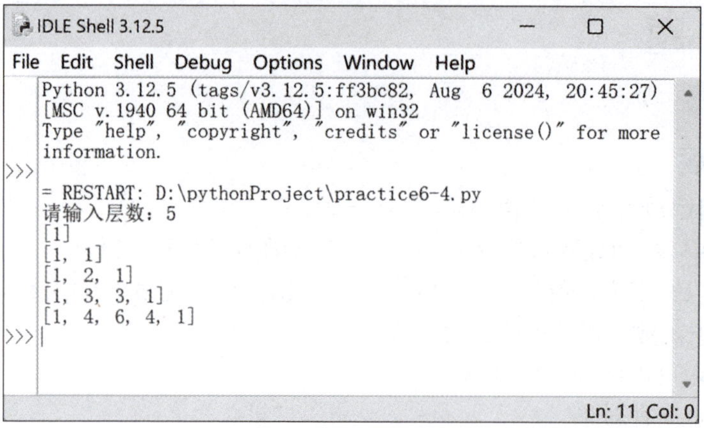

图 6-4 程序运行示例

第 7 章
Python 模块和包

在 Python 中，模块对应源代码文件，在模块中可定义变量、函数和类。多个功能相似的模块（源文件）可以组成一个包（文件夹）。包和模块组成 Python 项目的层次结构，对应于 Python 的文件夹和文件。

本章要点

- 理解模块的导入与使用。
- 掌握包的创建与使用。
- 熟练应用时间日期模块。
- 熟练应用随机模块生产随机数和随机序列。

7.1 Python 模块

在程序开发过程中，随着代码越写越多，其可读性和可维护性都会变差。为了提高代码的可读性和可维护性，就必须将代码模块化，用函数（或类）将一段功能代码组织到一起。然而，若把所有的函数和类放在一个 Python 文件里，维护起来将会很麻烦。为了便于分层管理，可以把所有的函数和类按照逻辑关系分别放入多个 Python 文件，这些 Python 文件就是模块。

从组件的角度来看，语句是函数和类的组件，函数和类是模块的组件，模块是包的组件，如图 7-1 所示。通过分层来有序组织和管理，程序的可读性和可维护性可得到大大提高。

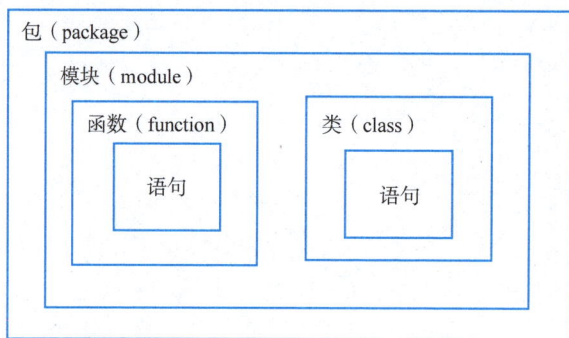

图 7-1　函数、类、模块和包

函数、类、模块和包都是 Python 程序设计中的模块化技术，可以提高程序的可维护性。当一个函数或类编写完毕，就可以被其他代码使用；当一个模块编写完毕，就可以被其他代码导入使用。

7.1.1 导入模块

要想使用模块中的变量、函数、类等，需要先将模块导入，可使用 import 或 from 语句导入模块。基本格式如下：

```
import 模块名称
import 模块名称 as 新名称
from 模块名称 import 导入的对象名称
from 模块名称 import 导入的对象名称 as 新名称
from 模块名称 import *
```

1. import 语句

import 语句用于导入整个模块，可使用 as 为导入的模块指定一个新名称。导入模块后，使用"模块名称.对象名称"格式来引用模块中的对象。

152

使用 math 模块的示例如下：

```
>>> import math                          #导入模块
>>> math. fabs(- 5)                      #调用模块中的函数
5. 0
>>> math. e                              #使用模块中的常量
2. 718281828459045
>>> fabs(- 3)                            #直接使用模块中的函数,出错
Traceback(most recent call last):
  File "<pyshell#3>", line 1, in <module>
    fabs(- 3)
NameError: name 'fabs'  is not defined
>>> import math as m                     #导入模块并为其指定名称
>>> m. fabs(- 3)                         #通过新名称调用模块函数
3. 0
>>> m. e                                 #通过新名称使用模块常量
2. 718281828459045
```

2. from 语句

from 语句用于导入模块中指定对象，导入的对象可以直接使用，不需要使用模块名称作为限定符。示例如下：

```
>>> from math import fabs                #从模块导入指定函数
>>> fabs(- 3)
3. 0
>>> from math import e                   #从模块导入指定常量
>>> e
2. 718281828459045
>>> from math import fabs as f           #导入时指定新名称
>>> f(- 3)
3. 0
```

3. from…import ＊ 语句

使用星号时，可导入模块顶层的所有全局变量和函数。示例如下：

```
>>> from math import ＊                   #导入模块顶层的全局变量和函数
>>> fabs(- 3)                            #直接使用导入的函数
3. 0
>>> e                                    #直接使用导入的常量
2. 718281828459045
```

7.1.2 重载模块

import 和 from 语句在执行导入操作时，会执行导入模块中的全部语句。这是因为，只有执行了模块，模块中的变量和函数才会被创建，才能在当前模块中使用。只有在第一次执行导入操作时才会执行模块，再次导入模块时并不会重新执行模块，所以不能将模块的所有变量恢复为初始值。Python 在 imp 模块中提供的 reload() 函数可重新载入并执行模块代码，从而使模块中的变量全部恢复为初始值。

reload() 函数用模块名称作为参数，所以只能重载使用 import 语句导入的模块，如果要重载的模块还没导入，则执行 reload() 函数时会出错。以下举例说明。

创建模块文件 test.py，其代码如下：

```
x=100                                    #赋值,创建变量 x
print('这是模块 test.py 中的输出')            #输出字符串
def show():                              #定义函数,执行时创建函数对象
    print('这是模块 test.py 中 show()函数的输出！')
```

创建的 test.py 文件可放在系统 D 盘根目录中。然后，进入 Windows 命令提示窗口，在 D 盘根目录中执行 Python.exe 进行 Python 交互环境。执行下列代码：

```
D:\>python
Python 3.12.5 (tags/v3.12.5:ff3bc82, Aug 6 2024, 20:45:27) [MSC v.1940 64 bit (AMD64)]
on win32
Type "help", "copyright", "credits" or "license" for more information.
>>> import test                    #导入模块,模块代码被执行
这是模块 test.py 中的输出
>>> test.x
100
>>> test.x=200
>>> import test                    #再次导入模块
>>> test.x                         #再次导入模块没有改变变量的当前值
200
>>> from importlib import reload   #导入 reload()函数
<stdin>:1: DeprecationWarning: the imp module is deprecated in favour of importlib; see the
module's documentation for alternative uses
>>> reload(test)                   #重载模块,可以看到模块代码再次执行
这是模块 test.py 中的输出
<module 'test' from 'D:\test.py'>
>>> test.x                         #因为模块代码再次被执行,x 恢复为初始值
100
```

7.1.3 模块搜索路径

导入模块时，Python 会执行以下步骤：

第 1 步，搜索模块文件。Python 按特定的路径搜索模块文件。

第 2 步，必要时，编译模块。找到模块文件后，Python 会检查文件的最后修改时间。如果源代码文件作了修改，Python 就会执行编译操作，生成最新的字节码文件。如果字节码是最新的，则跳过编译环节。如果在搜索路径中发现了字节码文件，而没有发现源代码文件，则直接加载字节码文件。如果只有源代码文件，Python 就会执行编译操作，生成字节码文件。

第 3 步，执行模块。执行模块的字节码文件。

在导入模块时，不能在 import 或 from 语句中指定模块文件的路径，可使用标准模块 sys 的 path 属性来查看当前搜索路径。示例如下：

```
>>> import sys
>>>sys. path
['', 'C:\\Users\\Administrator\\AppData\\Local\\Programs\\Python\\Python39\\Lib\\
idlelib', 'C:\\Users\\Administrator\\AppData\\Local\\Programs\\Python\\Python39\\py-
thon39. zip',' C:\\Users\\Administrator\\AppData\\Local\\Programs\\Python\\Python39\\
DLLs', 'C:\\Users\\Administrator\\AppData\\Local\\Programs\\Python\\Python39\\lib ',
'C:\\Users\\Administrator\\AppData\\Local\\Programs\\Python\\Python39', 'C:\\Users\\Ad-
ministrator\\AppData\\Local\\Programs\\Python\\Python39\\lib\\site- packages']
```

执行代码之后，Python 按照先后顺序依次搜索 path 列表中的路径，如果在 path 列表中的所有路径中均未找到模块，则导入操作失败。

通常，sys. path 由以下 4 部分组成：

（1）Python 当前工作目录。

（2）操作系统的环境变量 PYTHONPATH 中包含的目录（如果存在）。

（3）Python 标准库目录。

（4）任何 pth 文件包含的目录（如果存在）。

Python 按照（1）→（2）→（3）→（4）的顺序搜索各目录。pth 文件通常放在 Python 安装目录中，文件名可以任意设置。

7.1.4 嵌套导入模块

Python 允许任意层次的嵌套导入，每个模块都有一个名称空间，嵌套导入意味着名称空间的嵌套。在使用模块的变量名时，应依次使用模块名称作为限定符。假设存在两个模块文件 test1. py 和 test2. py，用下面的代码来说明嵌套导入时应如何使用模块中的变量。

创建模块文件 test1. py，其代码如下：

```
#test1. py
x1 =100
def show():
    print('这是 show()函数的输出!')
```

```
print('载入模块 test1. py')
import test2
```

创建模块文件 test2. py，其代码如下：

```
#test2. py
x2=200
print('载入模块 test2. py')
```

在交互式模块下导入模块 test1. py 的示例如下：

```
>>>import test1
载入模块 test1. py
载入模块 test2. py
>>>test1. x1                    #使用 test1 模块的变量
100
>>>test1. show( )               #使用 test1 模块的函数
这是 show()函数的输出！
>>>test1. test2. x2             #使用嵌套导入的 test2 模块中的变量
200
```

尽管嵌套导入可以帮助我们组织和管理模块，但过度的嵌套导入可能导致代码的可读性和可维护性变差。在使用嵌套导入时，需要注意以下几点。

（1）避免循环导入。循环导入是指模块 A 导入了模块 B，而模块 B 又导入了模块 A。这种情况下，Python 解释器会抛出 ImportError 异常。为了避免循环导入，应该尽量将导入语句放在模块文件的顶部。

（2）导入的模块应该在 PYTHONPATH 环境变量或当前工作目录中。当 Python 解释器遇到导入语句时，它会按照一定的搜索路径查找要导入的模块。如果模块没有在搜索路径中，将会抛出 ModuleNotFoundError 异常。

（3）使用明确的导入路径。在嵌套导入中，应该使用明确的导入路径，避免使用相对路径。

7.2 模块包

从文件系统的角度看，Python 模块是一个 Python 文件，文件名就是模块名。将多个功能上有关联的模块放在一个文件夹中，并配上一个__init__.py 文件（让 Python 解释器区别普通文件夹和 Python 包），这个文件夹和它里面的__init__.py 文件以及其他所有 Python 模块共同组成了 Python 包，文件夹的名称就是 Python 包的名称。为了便于记忆，可以简单地认为 Python 包就是一个包含__init__. py 文件的文件夹。

将 Python 函数、模块和包这 3 个模块化技术应用到 Python 项目中，可以对 Python 项目的资源进行分层分级分类管理，大大提高 Python 项目的可读性和可维护性。一个典型的 Python 项目的模块化结构（或者说文件夹结构）包括多个部分。

7.2.1 创建包

创建一个文件夹，然后在文件夹中创建一个名为"__init__.py"的 Python 文件。__init__.py 文件可以为空，也可以加入包的初始化代码。__init__.py 中的代码在 Python 包导入的过程会被 Python 解释器自动执行。

创建包及目录和文件的步骤如下：

第 1 步，打开 Windows 的资源管理器，在 D 盘根目录中新建文件夹 pytemp。

第 2 步，在 D:\pytemp 中新建文件夹 mypysrc。

第 3 步，在 D:\pytemp\mypysrc 中新建文件夹 db。

第 4 步，在 IDLE 交互环境中创建 3 个空的 Python 程序，并将它们分别保存在 D:\pytemp、D:\pytemp\mypysrc 和 D:\pytemp\mypysrc\db 文件夹中，命名均为__init__.py。

第 5 步，在 IDLE 交互环境中创建一个 Python 程序，将其保存到 D:\pytemp\mypysrc\db 文件夹中，命名为 test.py。其程序代码如下：

```
#D:\pytemp\mypysrc\db\test.py
def show( )
    print('这是模块 D:\pytemp\mypysrc\db\test.py 中 show()函数中的输出')
    print('模块 D:\pytemp\mypysrc\db\test.py 执行完毕')
```

上述步骤创建的 Python 包的目录结构如图 7-2 所示。

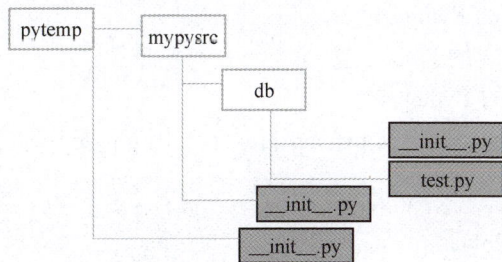

图 7-2　包的目录结构

7.2.2 导入包

导入包的本质是导入包中模块的变量、函数和类，所以导入包的方法与导入模块的方法类似，都是用 import 语句。其格式如下：

```
from 包名 import 模块名 [,模块名,…]
from 包名 import 模块名 as 别名
from 包名 import *
```

通配符"*"表示导入包中的所有模块。

导入包中的模块时，应指明包的路径，在路径中使用点号分隔目录。示例如下：

```
D:\cd pytemp
D:\pytemp>python
…
>>>
>>>import mypysrc. db. test
模块 D:\pytemp\mypysrc\db\test. py 执行完毕
>>>mypysrc. db. test. show( )
这是模块 D:\pytemp\mypysrc\db\test. py 中 show()函数中的输出
>>>from mypysrc. db. test import show
>>>show( )
这是模块 D:\pytemp\mypysrc\db\test. py 中 show()函数中的输出
```

7.2.3 安装包

在开发 Python 程序时，除了导入并使用 Python 内建的标准模块外，还可以安装并使用第三方包。在 PyPI(http://pypi. org/)上，可查找、安装并发布 Python 包。

用 pip 命令可实现安装 Python 包，格式如下：

```
pip <命令> [包名]
```

常用的命令有 install、uninstall、list。
- install：安装指定的 Python 包。
- uninstall：卸载指定的 Python 包。
- list：显示已安装的 Python 包。

例如，安装 pytemp 包，切换到 pytemp 目录下，用 pip 安装命令完成即可：

```
D:\cdpytemp
D:\pytemp>pip installpytemp
```

7.3 时间日期模块

time 库提供与时间相关的函数。在 time 库中，与时间相关的模块有 time、datetime 和 calendar。time 库不适用于所有平台，其定义的大部分函数调用平台 C 语言库中的同名函数。time 库属于内置模块，直接导入即可使用。time 库提供的函数可分为时间处理函数、时间格式化函数和计时函数。

7.3.1 time 库概述

time 库的概念如下。

1.　Epoch

Epoch 指定时间起点，通常为"1970 年 1 月 1 日 00:00:00（UTC）"。调用 time.localtime(0) 函数，可返回当前平台的 Epoch。示例如下：

```
>>> import time
>>> time. localtime(0)
time. struct_time(tm_year=1970, tm_mon=1, tm_mday=1, tm_hour=8, tm_min=0, tm_sec=0, tm_wday=3, tm_yday=1, tm_isdst=0)
```

2.　时间戳

时间戳（timestamp）通常指自 Epoch 到当前时间的秒数。

3.　UTC

UTC 指 Coordinated Universal Time，即协调世界时，是指世界标准时间。

4.　DST

DST 指 Daylight Saving Time，即夏令时。

5.　struct_time

time. struct_time 类表示时间对象，gmtime（）、localtime（）和 strptime（）等函数返回 struct_time 对象表示的时间。struct_time 对象包含的字段如表 7-1 所示。

表 7-1　struct_time 对象包含的字段

索引	属性	说明
0	tm_year	年份，如 2019
1	tm_mon	月份，有效值范围为[1,12]
2	tm_mday	一个月的第几天，有效值范围为[1,31]
3	tm_hour	小时，有效值范围为[0,23]
4	tm_min	分钟，有效值范围为[0,59]
5	tm_sec	秒，有效值范围为[0,61]（61 是指闰秒）
6	tm_wday	一周的第几天，有效值范围为[0,6]，周一为 0
7	tm_yday	一年的第几天，有效值范围为[1,366]（366 是指闰年的天数）
8	tm_isdst	0、1 或-1，夏令时生效时为 1、未生效时为 0、-1 表示未知

7.3.2　时间处理函数

常用的时间处理函数有 time. time（）、time. gmtime（）、time. localtime（）和 time. ctime（）。

1.　time. time（）

time. time（）函数用于返回自 Epoch 以来的时间秒数。示例如下：

```
>>> import time
>>> time. time( )
1618965325. 7038572
```

2. time. gmtime()

time. gmtime() 函数用于将秒数转换为 UTC 的 struct_time 对象，其中 dst（夏令时标志，是一种为节约能源而人为规定地方时间的制度，一般在天亮早的夏季人为地将时间提前一小时）始终为零。如果未提供参数或参数为 None，则转换为当前时间。

示例如下：

```
>>> import time
>>> time. gmtime()                          #转换为当地时间
time. struct_time(tm_year = 2021, tm_mon = 4, tm_mday = 21, tm_hour = 0, tm_min = 37,
tm_sec = 7, tm_wday = 2, tm_yday = 111, tm_isdst = 0)
>>> time. gmtime(10 ** 8)                    #转换为指定秒数
time. struct_time(tm_year = 1973, tm_mon = 3, tm_mday = 3, tm_hour = 9, tm_min = 46,
tm_sec = 40, tm_wday = 5, tm_yday = 62, tm_isdst = 0)
>>> t = time. gmtime(10 ** 8)                #转换秒数
>>> t[0]                                     #索引年份字段
1973
>>> t. tm_year                               #以属性的方式访问年份字段
1973
```

3. time. localtime()

time. localtime() 函数用于将秒数转换为当地时间，如果未提供参数或参数为 None，则转换为当前时间。如果给定时间适用于夏令时，则将 dst 标志设置为 1。

示例如下：

```
>>> import time
>>> time. localtime()                        #转换当前时间
time. struct_time(tm_year = 2021, tm_mon = 4, tm_mday = 21, tm_hour = 8, tm_min = 45,
tm_sec = 57, tm_wday = 2, tm_yday = 111, tm_isdst = 0)
>>> time. localtime(10 ** 8)                  #转换秒数
time. struct_time(tm_year = 1973, tm_mon = 3, tm_mday = 3, tm_hour = 17, tm_min = 46,
tm_sec = 40, tm_wday = 5, tm_yday = 62, tm_isdst = 0)
```

4. time. ctime()

time. ctime() 函数用于将秒数转换为表示本地时间的字符串，如果未提供参数或参数为 None，则转换当前时间。

示例如下：

```
>>> import time
>>> time. ctime()                            #转换当前时间
'Wed Apr 21 08:49:12 2021'
```

```
>>> time. ctime(10 ∗ ∗ 8)                    #转换指定秒数
'Sat Mar   3 17:46:40 1973'
```

7.3.3　时间格式化函数

常用的时间格式化函数包括 time. mktime( )、time. strftime( )和 time. strptime( )。

1.　time. mktime( )

mktime( )是 localtime( )的反函数，其参数 t 是结构化时间或者完整的 9 位元组元素（按顺序与 struct_time 对象字段一一对应），其生成表示本地时间的浮点数，与 time( )函数兼容。如果输入值不能转换为有效时间，则发生 OverflowError 或者 ValueError 异常。

示例如下：

```
>>> import time
>>> t=time. localtime()                      #获得本地时间为 struct_time 对象
>>> time. mktime(t)                          #获得本地时间的秒数
1618966689. 0
```

2.　time. strftime(format[,t])

参数 t 是一个时间元组或 struct_time 对象，可以将其转换为 format 参数指定的时间格式化字符串，如果未提供 t，则使用当前时间。format 必须是一个字符串。如果 t 中的任何字段超出允许范围，则发生 ValueError 异常。常用的时间格式化指令如表 7-2 所示。

表 7-2　常用的时间格式化指令

格式化字符串	日期/时间	值范围
%Y	年份	0001~9999
%m	月份	01~12
%B	月份名	January~December
%b	月份名缩写	Jan~Dec
%d	日期	01~31
%A	星期	Monday~Sunday
%a	星期缩写	Mon~Sun
%H	小时（24 小时制）	00~23
%M	分钟	00~59
%S	秒	00~59

示例如下：

```
>>> import time
>>> t=time. localtime( )
>>> time. strftime('% Y-% m-% d % H:% M:% S',t)
'2021- 04- 21 09:12:13'
```

3. time. strptime（t, format）

strptime（）可看作 strftime（）函数的逆函数，其按格式化字符串 format 解析字符串 t 中的时间，返回一个 struct_time 对象。示例如下：

```
>>> import time
>>> time. strptime("1 Nov 01","% d % b % y")
time. struct_time(tm_year = 2001, tm_mon = 11, tm_mday = 1, tm_hour = 0, tm_min = 0,
tm_sec = 0, tm_wday = 3, tm_yday = 305, tm_isdst = - 1)
```

7.3.4 计时函数

常用的计时函数有 time. sleep（）、time. monotonic（）、perf_counter（）和 perf_counter_ns（）。

1. time. sleep（secs）

该函数用于暂停执行当前的线程 secs 秒，参数 secs 可以是浮点数，以便更精确地表示暂停时长。示例如下：

```
>>> import time
>>> time. sleep(3)          #暂停3秒后才会显示下一个提示符
>>>
```

2. time. monotonic（）

该函数用于返回单调时钟的秒数（浮点数），时钟不能后退，不受系统时间影响，连续调用该函数获得的秒数差值可作为有效的计时时间。示例如下：

```
>>> import time
>>> time. monotonic( )
90155. 109
>>> time. monotonic( )              #再次输出秒数,没有发生改变
90179. 656
```

3. perf_counter（）

该函数返回性能计数器的秒数（浮点数），包含线程睡眠时间，连续调用该函数获得的秒数差值可作为有效的计时时间。示例如下：

```
>>> import time
>>> time. perf_counter( )
41. 8409227
```

4. perf_counter_ns（）

该函数与函数 perf_counter（）类似，返回纳秒数（整数）。示例如下：

```
>>> import time
>>> time. perf_counter_ns( )
145709997100
```

【例 7-1】分别用 for 循环和 while 循环计算 1+2+…+100，并调用函数计算分别完成求和所耗费的时间。

程序代码：

```
def forsum():
    s=0
    for n in range(101):
        s+=n
    return s
def whilesum():
    s=0
    n=1
    while n<101:
        s+=n
        n+=1
    return s

from time import perf_counter_ns
t1=perf_counter_ns( )
s=forsum( )
t2=perf_counter_ns( )
print('for 计算:1+2+…+100=%s,耗时%s 纳秒'%(s,t2-t1))
t1=perf_counter_ns( )
s=whilesum( )
t2=perf_counter_ns( )
print('while 计算:1+2+…+100=%s,耗时%s 纳秒'%(s,t2-t1))
```

运行结果：

```
for 计算:1+2+…+100=5050,耗时 7200 纳秒
while 计算:1+2+…+100=5050,耗时 7600 纳秒
```

7.3.5　使用 datetime 模块显示日期

Python 提供了一个处理时间的标准函数 datetime，它实现了系统由简单到复杂的时间处理方法。datetime 以格林尼治时间为基础，每天由 3600×24 秒精准定义，该类含有两个常量——datetime. MINYEAR 和 datetime. MAXYEAR，分别表示 datetime 所能表示的最小年

份和最大年份，其值分别为 1 和 9999。datetime 类可以从系统中获得时间，并以用户选择的格式输出。

在 Python 中，若要使用 datetime 类，则需要先使用 import 关键字引用该类。具体代码如下：

```
from datetime import datetime
```

将 datetime 类导入程序后，创建一个 datetime 对象，然后可以调用该对象的属性和方法显示时间。Python 提供了两种方式创建 datetime 对象，其创建方式如表 7-3 所示。

表 7-3　datetime 创建对象方式

创建方式	含义	
datetime.now()	创建一个 datetime 对象，返回当前日期和时间，精确到微秒	
datetime(year,month, day,hour,minute, second,microsecond)	year：指定年份，MINYEAR≤year≤MAXYEAR	
	month：指定月份，1≤month≤12	
	day：指定日期，1≤day≤月份对应的日期上限	
	hour：指定小时，0≤hour≤24	
	minute：指定分钟数，0≤minute≤60	
	second：指定秒数，0≤second≤60	
	microsecond：指定微秒数，0≤microsecond≤1000000	

在显示时间和日期的过程中，还可以使用 strftime() 函数对显示的时间和日期进行格式化处理。示例如下：

```
>>> from datetime import datetime
>>> now=datetime.now()
>>> result=now.strftime('%Y-%m-%d %H:%M:%S')
>>> print("当前日期和时间为：",result)
当前日期和时间为：2021-05-17 14:43:03
```

7.4　随机模块

Python 中的 random 模块提供了随机数生成函数，主要包括随机数种子函数、整数随机数函数、浮点数随机数函数和序列随机函数。

7.4.1　随机数种子函数

随机数种子函数的基本格式如下：

```
random.seed(n=None,version=2)
```

164

该函数将参数 n 设置为随机数种子。省略参数时，就使用当前系统时间作为随机数种子；参数 n 为 int 型时，直接将其作为种子；version 为 2（默认）时，str、bytes 等非 int 型的参数 n 会转换为 int 型；version 为 1 时，str 型和 bytes 型的参数 n 可直接作为随机数种子。

调用各种随机函数时，实质上是从随机数种子对应的序列中取数。随机数种子相同时，连续多次调用同一个随机函数会依次按顺序从同一个随机序列中取数，多次运行同一个程序获得的随机数是相同的。没有在程序中调用 random. seed( ) 函数时，默认使用当前系统时间作为随机数种子，从而保证每次运行程序得到不同的随机数。

示例如下：

```
import random                        #导入模块
random. seed(5)                      #设置随机数种子
for n in range(5):                   #循环 5 次
    print(random. randint(1,10))     #输出一个[1,10]范围的整数
```

在 IDLE 交互环境中 3 次运行程序的结果如图 7-3 所示。可以看到，3 次运行输出的随机数相同。如果删除代码中的第 2 行设置随机数种子的语句 “random. seed(5)”，则每次运行程序可输出不同的随机数。

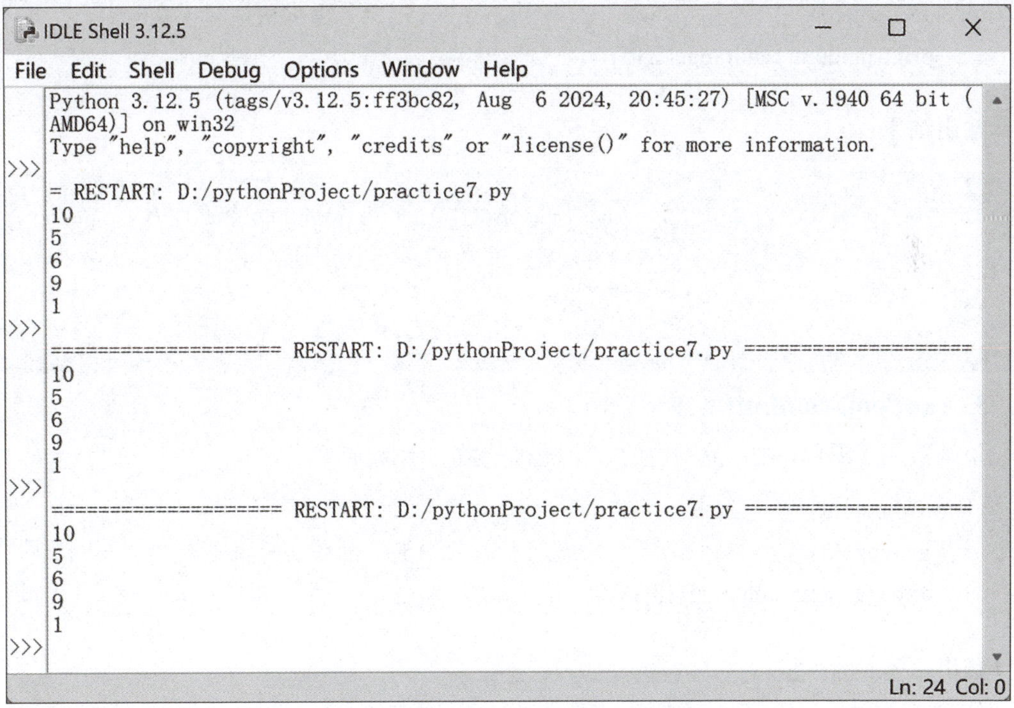
```
IDLE Shell 3.12.5
File  Edit  Shell  Debug  Options  Window  Help
Python 3.12.5 (tags/v3.12.5:ff3bc82, Aug  6 2024, 20:45:27) [MSC v.1940 64 bit (
AMD64)] on win32
Type "help", "copyright", "credits" or "license()" for more information.
>>>
= RESTART: D:/pythonProject/practice7.py
10
5
6
9
1
>>>
==================== RESTART: D:/pythonProject/practice7.py ====================
10
5
6
9
1
>>>
==================== RESTART: D:/pythonProject/practice7.py ====================
10
5
6
9
1
>>>
Ln: 24  Col: 0
```

图 7-3　种子不变时程序输出相同的随机数

7. 4. 2　整数随机数函数

random 模块中常用的整数随机数函数如下。

1. random. randrange(n)

该函数用于返回(0,n)范围内的一个随机整数。示例如下：

```
import random
 for i in range(5):                          #输出 5 个(0,10)范围内的随机整数
    print(random. randrange(10))
```

输出结果：

```
6
5
2
3
4
```

2. random. randrange(m,n[,step])

该函数用于返回(m,n)范围内的一个随机整数。若未指定 step 参数，则从当前随机数序列中连续取数；指定 step 参数时，取数的间隔为 step-1。示例如下：

```
import random
for i in range(5):                          #输出 5 个(5,15)范围内的随机整数
     print(random. randrange(5,15))
```

输出结果：

```
13
12
8
12
12
```

3. random. randint(a,b)

该函数用于返回(a,b)范围内的一个随机整数。示例如下：

```
import random
for i in range(5):                          #输出 5 个(5,15)范围内的随机整数
     print(random. randint(5,15))
```

输出结果：

```
14
9
6
14
14
```

7.4.3 浮点数随机数函数

random 模块中常用的浮点数随机数函数如下。

1. random. random( )

该函数用于生成(0.0,1.0)范围内的一个随机浮点数。示例如下：

```
import random
for i in range(5):
    print(random. random( ))
```

输出结果：

```
0. 8557367101978922
0. 7646274106467617
0. 7418311336536281
0. 8047985802759443
0. 27264655415003847
```

2. random. uniform(a,b)

该函数用于生成一个随机浮点数，当 a≤b 时的取值范围为[a,b]，当 b<a 时的取值范围为[b,a]。示例如下：

```
import random
for i in range(5):
    print(random. uniform( - 5,5))
```

输出结果：

```
- 1. 8004101487164648
- 4. 647610170230734
- 2. 830080335400705
- 3. 077731597288106
4. 832564953115572
```

7.4.4 序列随机函数

random 模块中常用的序列随机函数如下。

1. random. choice(seq)

该函数用于从非空序列 seq 中随机选择一个元素并返回。如果序列 seq 为空，则引发 IndexError 异常。示例如下：

```
>>> import random
>>> seq=[10,4,'s',5,'wer',45]
>>> random. choice(seq)
4
>>> random. choice(seq)
4
>>> random. choice(seq)
'wer'
>>> random. choice(seq)
45
```

2. random. shuffle(seq)

该函数用于将序列 seq 随机打乱位置。示例如下：

```
>>> import random
>>> seq=[10,4,'s',5,'wer',45]
>>> random. shuffle(seq)
>>> seq
[45, 4, 10, 's', 'wer', 5]
```

shuffle()函数只适用于可以修改的序列，如果需要从一个不可变的序列生成一个新的打乱顺序的列表，则应使用 shuffle()函数。

3. random. sample(seq,k)

该函数用于从序列 seq 中随机选择 k 个不重复的数据。示例如下：

```
>>> import random
>>> seq
[45, 4, 10, 's', 'wer', 5]
>>> random. sample(seq,3)
[10, 5, 'wer']
>>> random. sample(seq,3)
['wer', 5, 4]
```

【例 7-2】使用随机函数输出 5 个 5 位随机字符串。
程序代码：

```
from random import  *
def getRandomChar( ):
    num=str(randint(0,9))
```

```
        lower = chr(randint(97,122))
        upper = chr(randint(65,90))
        char = choice([num,lower,upper])
        return char

for m in range(5):
    s=''
    for n in range(5):
        s+=getRandomChar( )
    print(s)
```

运行结果：

```
CB7aJ
ZL5Yv
kvCJR
uruY3
plyYB
```

7.5 词云模块

词云是一种可视化描绘单词或词语出现在文本数据中频率的方式，它主要由随机分布在词云图的单词或词语构成，出现频率较高的单词或词语会以较大的形式呈现，而频率较低的单词或词语会以较小的形式呈现。词云主要提供了一种观察社交媒体网站上的热门话题或搜索关键字的方式，它可以对网络文本中出现频率较高的"关键词"予以视觉上的突出，形成"关键词云层"或"关键词渲染"，从而过滤大量的文本信息，使浏览网页者只要一眼扫过文本就可以领略文本的主旨。

wordcloud 是一个流行的 Python 库，用于生成词云图。词云图是一种视觉展示文本数据的方法，其中单词的大小表示其在源文本中的频率或重要性。wordcloud 库允许用户以各种形状和颜色创建定制的词云图。词云在数据科学领域有多种应用，如探索性数据分析、情感分析和主题建模。在探索性数据分析阶段，词云提供了大型文本语料库中经常出现的术语的快速概述。在情感分析任务中，词云可以可视化整体情感的快速摘要。在主题建模任务中，词云可以快速发现主题术语。

1. 安装 wordcloud 库

用 pip 命令，安装 wordcloud、matplotlib 库。具体方法如下：

```
pip install wordcloud
pip install matplotlib              #这个库用来展示图片
```

169

当采用 pip install wordcloud 安装失败后，可以采用清华镜像来安装。具体方法如下：

```
pip install wordcloud - i https://pypi. tuna. tsinghua. edu. cn/simple/
```

2. 使用方法

第1步，引入库。

第2步，创建词云对象。

第3步，定义分词文本数据。

第4步，生成词云。

第5步，保存词云图。

第6步，显示词云图效果

【例7-3】 使用 wordcloud 库，将 Python 语言常用类库创建一幅词云图。

程序代码：

```python
from wordcloud import WordCloud
import matplotlib. pyplot as plt

#创建一个 WordCloud 对象
wc = WordCloud()

#加载文本数据
text = "numpy, pandas, scikit- learn, matplotlib, seaborn, requests,\
BeautifulSoup, Flask, Django, PyTorch, keras, TensorFlow, Pandas, scipy, \
IPython, Numba, Jupyter, Pillow, Pygame, PyInstaller, PyPDF2, PyCrypto, \
pywin32,pygal, pydantic, Pygame Zero, pyautogui, pymysql"

#生成词云
wc. generate(text)

# 保存词云图
wc. to_file("test. png")
# 显示词云
plt. imshow(wc, interpolation ='bilinear' )
plt. axis("off")
plt. show()
```

在 IDLE 交互环境中运行程序，结果如图 7-4 所示。

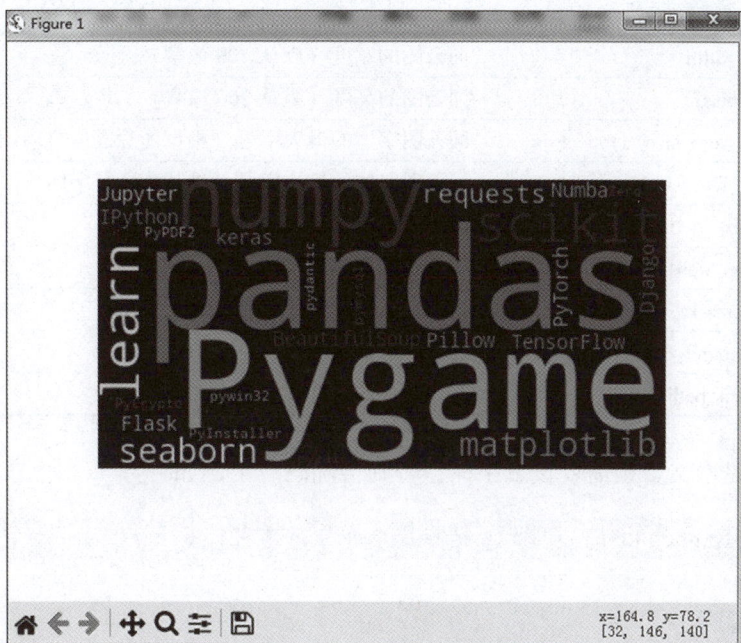

图 7-4　使用 wordcloud 库创建词云图

7.6　案例："社会主义核心价值观"词云图

7.6.1　案例任务

党的十八大提出，倡导富强、民主、文明、和谐，倡导自由、平等、公正、法治，倡导爱国、敬业、诚信、友善，积极培育和践行社会主义核心价值观。富强、民主、文明、和谐是国家层面的价值目标，自由、平等、公正、法治是社会层面的价值取向，爱国、敬业、诚信、友善是公民个人层面的价值准则，这 24 个字是社会主义核心价值观的基本内容。

任务：采用 wordcloud 库，创建一幅"社会主义核心价值观"词云图。

7.6.2　案例分析和实现

1. 案例分析

参考例 7-3，采用 wordcloud 库创建一幅词云图。由于社会主义核心价值观是中文，而 wordcloud 默认字体支持不了，因此需要指定中文字体路径，同时字体颜色、大小和背景色也不够美观，需要分别进行设置。

wordcloud 库参数解释如表 7-4 所示。

表 7-4　wordcloud 库参数解释

参数	解释
width	词云图的宽度（默认 400 像素）
height	词云图的高度（默认 200 像素）
max_font_size	词云图字体的最大字号（根据图片高度自动调节）
min_font_size	词云图字体的最小字号（默认为 4 号字体）
max_words	词云图显示的最大单词数（默认 200）
stop_words	不显示的词语、单词
mask	指定词云图的形状（默认为长方形）
background_color	词云图的背景颜色（默认为黑色）
font_path	字体文件的路径

如果文本是中文，则需要设置字体，否则会乱码。示例如下：

```
font_path='simhei. ttf',          #指定中文字体路径
```

2. 案例实现

代码如下：

```
from wordcloud import WordCloud
import matplotlib. pyplot as plt

#创建一个 WordCloud 对象
wc = WordCloud(background_color="white",
    width=800,
    height=600,
    font_path=' simhei. ttf',              #指定中文字体路径
    colormap="spring",                     #设置字体颜色
    min_font_size=10,
    max_font_size=100,
    max_words=200)

#加载文本数据
text = "富强,民主,文明,和谐,自由,平等,公正,法治\
爱国,敬业,诚信,友善"

#生成词云
wc. generate(text)
```

```
#保存词云图
wc. to_file("test. png")
#显示词云
plt. imshow(wc, interpolation='bilinear')
plt. axis("off")
plt. show()
```

在 IDLE 交互环境中运行程序，结果如图 7-5 所示。

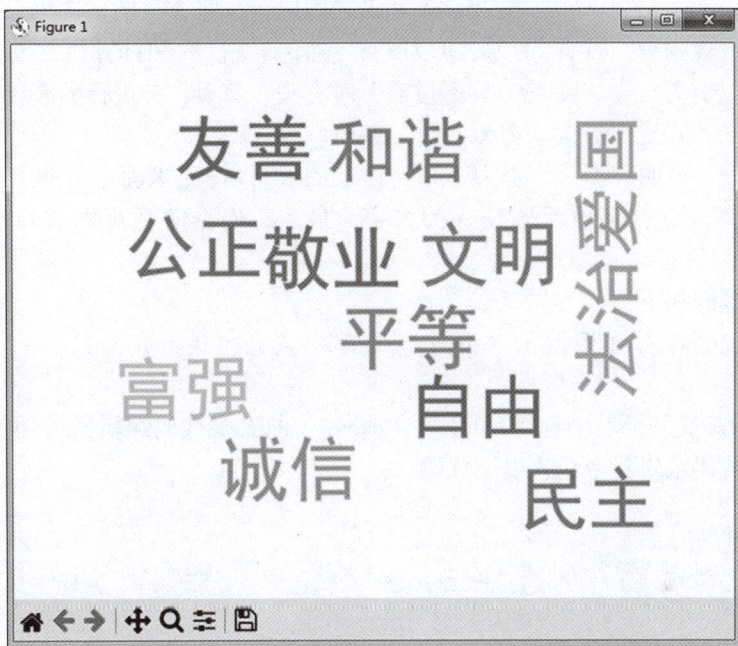

图 7-5　创建"社会主义核心价值观"词云图

7.6.3　总结和启示

从上面程序运行的结果，可以直观看出社会主义核心价值观的基本内容。

我们大学生是中国特色社会主义各项事业的生力军和接班人，承担着推动我国走向世界强国的历史使命，大学生践行社会核心价值观，对于建设社会主义和谐社会，加快推进社会主义现代化的宏伟目标，具有重大而深远的意义。

7.7　本章小结

在程序开发过程中，为了提高代码的可读性和可维护性，把所有的函数和类按照逻辑关系分别放入多个 Python 文件。这些 Python 文件就是模块，便于分层管理。本章介绍了 Python 的模块（包括模块的创建、导入与使用），并详细介绍了 Python 中的常见模块，如时间日期模块、随机模块、词云模块等。

综合实验

【实验目的】

1. 使用 Python 的 random 模块生成随机数。
2. 熟悉 Python 语句控制流程。

【实验内容】

传统的"石头、剪刀、布"游戏在人和人之间进行，双方只能一次出石头、剪刀、布三者之一，游戏规则为：石头>剪刀、剪刀>布、布>石头。人和计算机之间也可以根据此规则玩"石头、剪刀、布"游戏，只不过需要对石头、剪刀、布进行数字代替，从而比较输赢。设计程序，实现"石头、剪刀、布"游戏。

分析：首先，声明"石头、剪刀、布"游戏的规则列表；然后，在循环体中随机产生计算机输出的数字，并获取玩家输入的数字；最后，根据游戏规则进行比较，并输出结果。

具体操作步骤如下：

（1）在 Windows 操作系统的"开始"菜单中选择"Python 3. 12"→"IDLE"，启动 IDLE交互环境。

（2）在 IDLE 交互环境中选择"File"→"New"，打开源代码编辑器。

（3）在源代码编辑器中输入以下代码：

```python
import random
all_choioces=['石头','剪刀','布']
win_list=[['石头','剪刀'],['剪刀','布'],['布','石头']]
people_add=0
compute_add=0
while people_add<2 and compute_add<2:
    compute=random. choice(all_choioces)
    put='''(0)石头(1)剪刀(2)布请选择:'''
    ind= int(input(put))
    people=all_choioces[ind]
    print('您出的是:% s,计算机出的是:% s'%(people,compute))
    if people==compute:
        print('您和计算机是平局')
    elif [people,compute]in win_list:
        print('您赢了')
        people_add+=1
    else:
        print('计算机赢了')
        compute_add+=1
```

（4）按【Ctrl+S】组合键保存程序文件，将文件命名为 practice7. py，并将其保存到系统的 D 盘根目录下。

（5）按【F5】键运行程序，IDLE 交互环境显示了结果，如图 7-6 所示。

图 7-6　运行结果

【实验总结】

1. 收获

_____

_____

_____

_____

2. 需要改进之处

_____

_____

_____

_____

习　题　/

扫描二维码
获取习题答案

一、选择题

1. 在 Python 中，从一个模块引入一个指定部分到当前的命名空间形式为（　　　）。

A. import 　　　　　　B. from…import 　　C. from 　　　　　　D. 以上都是

2. 下列关于随机数种子的说法正确的是（　　　）。

A. 随机数种子只能使用整数

B. 随机数种子相同时，每次运行程序得到的随机数不相同

C. 没有在程序中指定随机数种子时，Python 随机选择一个整数作为随机数种子

D. random. seed( )可将系统时间作为随机数种子

3. 在使用 datetime 模块显示日期的过程中，显示最大日期的常量是（　　　）。

A. datetime. MINYEAR 　　　　　　　　B. datetime. MAXYEAR

C. datetime. MIN_YEAR   D. datetime. MAX_YEAR

4. area 是 tri 模块中的一个函数，执行"from tri import area"后，调用 area( )函数应该使用（   ）。

A. tri(area)   B. tri. area( )   C. area( )   D. tri( )

5. 以下（   ）函数可以对日期进行格式化。

A. format( )   B. strftime( )   C. control( )   D. 以上都不是

二、编程题

1. 随机生成 10 个 1 000 以内的素数，按从小到大的顺序输出。

2. 定义扑克牌列表，将扑克牌随机打乱，生成一副扑克牌，分发给 4 个玩家。

3. 采用中文分词库 jieba 和 wordcloud 库，创建一幅"党的二十大报告全文"词云图，词云图的最大词语数量为 200。

第 8 章
Python 面向对象

当前软件开发领域有两大编程思想，其一是面向过程的编程思想，其二是面向对象的编程思想。依据编程思想的不同，编程语言分为面向过程的语言和面向对象的语言。例如，C 语言是面向过程的语言，Java、Python 是面向对象的语言。

本章要点

- 掌握类的定义及使用方法。
- 掌握类的构造方法和析构方法的意义。
- 理解父类与子类的继承派生关系。
- 掌握在子类中重写父类的方法。
- 理解静态属性和静态方法的意义。
- 掌握静态成员的使用方法。

8.1 面向对象程序设计基础

8.1.1 面向对象程序设计思想

面向对象程序设计是指使用对象进行程序设计，实现代码重用和设计重用，使软件开发更加高效、方便。在面向对象程序设计中，先声明表示现实世界中的事物和情景的类，并基于这些类创建对象，然后使用对象来编写程序。

在考虑问题时，面向对象的编程思想以具体的事物（对象）为单位，考虑它的属性（特性）及运行（行为），关注整体。类和对象是面向对象程序设计的核心，在面向对象程序设计中，以类来构造世界中的事物情景，再基于创建对象来进一步认识、理解、刻画。根据类来创建的对象，每个对象都会自动带有类的属性和特点，还可以按照实际需要赋予每个对象特有的属性，这一过程称为实例化。

8.1.2 面向对象程序基本概念

在面向对象程序设计中，类和对象是程序的基本元素，它将数据和操作紧密地连接在一起，并保护数据不会被外界的函数意外改变。总的来说，面向对象程序设计思想的特点有可扩展、可修改、可替代。

（1）可扩展：新特性能够很容易地添加到现有系统中，不会影响原有代码。

（2）可修改：当修改某一部分的代码时，不会影响其他相关部分。

（3）可替代：将系统中某段代码用其他有相同接口的类替换时，不会影响现有系统。

面向对象程序设计强调将属性和操作结合为一个不可分的系统单位，对象的外部只需要知道它能"做什么"，而不需要知道它"怎么做"。封装、继承和多态是面向对象设计的三大特性。

（1）封装又称为隐藏实现，就是只公开代码单元的对外接口，而隐藏其具体实现。也就是说，将数据成员、方法等事件集中在一个整体内。通过访问控制，封装能隐藏内部成员，只允许可信的对象访问（或操作）自己的部分成员和方法。封装既保证了对象的独立性，又便于程序的维护和修改。

（2）继承是指允许使用现有类的功能，并在无须重新改写原类的情况下，对这些功能进行扩展。继承可以有效避免代码复制和相关的代码维护等问题。

（3）多态是指派生类具有基类和所有非私有数据和行为，以及新类自定义的所有其他数据或行为，即子类拥有两个有效特性——子类的类型、继承的基类的类型。

8.2 类和对象

8.2.1 创建并描述类

在日常生活中，要描述某一类事物，既要说明它的特征，又要说明它的用途。例如，要描述"人"这一类事物，通常要给这类事物一个名称，人类的特征包括身高、体重、性别、职业等，人类的行为包括走路、说话、吃饭、学习等。把人类的特征和行为组合在一起，就可以描述完整的人类。面向对象的程序设计正是基于这种思想，把事物的特征和行为包含在类中。其中，事物的特征作为类的属性，事物的行为作为类的方法。通常情况下，一个类由类名、属性、方法组成。

（1）类名。描述对象的属性和方法的集合称为类，它定义同一类对象所共有的属性和方法。类名的首字母必须大写，如 Cat、Dog、Student 等。

（2）属性。类中在所有方法之外定义的变量（也称类的顶层变量）称为属性，用于描述对象的特点，也称数据成员。

（3）方法。类中定义的函数称为方法，用于描述对象的行为。

Python 使用 class 语句来定义类。类通常包含一系列赋值语句和函数定义。类的定义类似函数的定义，但使用 class 关键字替代 def 关键字。在执行 class 整段代码后，这个类才能生效，进入类定义的部分后，会创建一个新的作用域，后面定义类的数据属性和方法都属于此作用域的局部变量。在 Python 中，类的定义格式如下：

```
class 类名：
    赋值语句
    赋值语句
    ……
    def 语句定义函数
    def 语句定义函数
```

其中，class 作为类命名的关键字；类名作为有效标识符，其要符合标识符的命名规则，通常由一个（或多个）单词组成，每个单词除了第一个字母大写外，其余字母均小写。示例如下：

```
class Testclass:
    data=100
    def setpdata(self,value):
        self. pdata=value
    def showpdata(self):
        print('self. pdata=',self. pdata)
    print('完成类的定义')
```

运行结果：

```
完成类的定义
```

【例 8-1】创建一个描述狗的类（Dog），其属性包括名字（name）与年龄（age），并编写相关函数描述该类的操作。

代码如下：

```
class Dog:                          #定义一个 Dog 类
    name=""
    age=0                           #定义两个成员变量 name 和 age
    def run(self):                  #run( )和 eat( )是自定义的两个成员方法
        print("狗在跑步!")
    def eat(self):
        print("狗在吃鱼!")
    print('创建完成')
```

运行结果：

```
创建完成
```

8.2.2 使用类

类是抽象的，是某一类事物共同特性的抽象描述，而对象是现实中该类事物的个体。要使用类定义的功能，就必须实例化类，创建类的对象。在 Python 中，创建对象的语法格式如下：

```
对象名=类名(参数列表)
```

在使用上述方式创建对象时，参数列表可以为空。创建对象后，可以使用"."运算符来给对象的属性添加新值，调用对象的方法，获得输出结果。基本格式如下：

```
对象名.属性名=新值
对象名.方法名
```

对 8.2.1 节定义的 Testclass 类进行使用，示例如下：

```
>>> type(Testclass)        #测试类对象的类型
<class 'type'>
>>> Testclass. data        #访问类对象的数据属性
100
>>> x=Testclass( )         #调用类对象创建第 1 个实例对象
>>> type(x)                #查看实例对象的类型,交互环境中默认模块名称为__main__
<class '__main__. Testclass'>
>>> x. setpdata('abc')     #调用方法创建实例对象的数据属性 pdata
>>> x. showpdata( )        #调用方法显示实例对象的数据属性 pdata 的值
self. pdata= abc
>>> y=Testclass( )         #调用类对象创建第 2 个实例对象
>>> y. setpdata(123)       #调用方法创建实例对象的数据属性 pdata
```

```
>>> y. showpdata( )                    #调用方法显示实例对象的数据属性 pdata 的值
self. pdata = 123
```

【例 8-2】创建一个用户类（User），其属性包含 username（用户名）、mobile（手机号码）和 address（家庭住址）；在 User 类中创建一个名为 describle_user( )的方法，它能输出用户的信息；新建两个不同类的对象，分别为属性赋值，并分别调用 describle_user( )方法显示两个对象的属性值。

代码如下：

```
class User:                            #定义一个 User 类,包含 3 个属性
    username = ""
    mobile = ""
    address = ""
    def describle_user(self):          #定义 describle_user( )方法
        print("用户名:%s;手机号码: %s;家庭住址:%s"
              % (self. username,self. mobile,self. address))
user1 = User( )                        #创建 user1 对象,为 user1 对象的 3 个属性赋值
user1. username = "张三"
user1. mobile = "13812345678"
user1. address = "中国北京"
user1. describle_user( )
user2 = User( )                        #创建 user2 对象,为 user2 对象的 3 个属性赋值
user1. username = "李四"
user1. mobile = "13012345678"
user1. address = "中国武汉"
user1. describle_user( )
```

运行结果：

```
用户名:张三;手机号码: 13812345678;家庭住址:中国北京
用户名:李四;手机号码: 13012345678;家庭住址:中国武汉
```

8.2.3　绑定 self 参数

Python 的实例方法和普通函数有一个明显的区别，就是实例方法的第 1 个参数永远都是 self，并且在调用这个方法时不必为这个参数赋值。实例方法的这个特殊参数是指对象本身，当某个对象调用方法时，Python 解释器会把这个对象作为第 1 个参数传递给 self，在程序中只需要传递给后面的参数就可以了。实例方法声明的格式如下：

```
def 方法名(self,形参列表):
    方法体
```

在程序中，通过"self. 变量名"格式定义的属性称为实例属性，也称为成员变量。类的每个对象都包含该类的成员变量的一个单独副本。成员变量在类的内部通过 self 访问，在类的外部通过类的对象访问。

【例 8-3】创建一个圆类（Circle），其属性包含半径（radius），方法 setRadius(radius) 设置圆的半径、方法 showArea( ) 计算圆的面积，创建类的对象，输出圆的面积。

代码如下：

```
import math                          #导入 math 模块,该模块提供常用数学计算方法
class Circle:
    def setRadius(self,radius):      #设置 setRadius()方法
        self. radius = radius
    def showArea(self):              #定义 showArea()方法
        area = math. pi * self. radius * self. radius
        print("圆的面积为 :%. 2f"% area)
circle = Circle()                    #实例化类的对象
circle. setRadius(5)
circle. showArea( )
```

运行结果：

```
圆的面积为 :78. 54
```

8.3　类的属性和方法

从面向对象的角度，属性表示对象的数据，方法表示对象的行为。Python 总是通过变量来引用各种对象，所以在 Python 中，类中的变量和函数称为属性，分别称为数据属性和方法属性。

8.3.1　类的属性

在 Python 中，实例对象拥有类对象的所有属性。

1. 共享属性

类对象的数据属性是全局的，并可通过实例对象来引用。Testclass 类顶层的赋值语句 "data = 100" 定义了类对象的属性 data，该属性可与所有实例对象共享。示例如下：

```
>>> x = Testclass( )
>>> y = Testclass( )
>>> x. data,y. data                  #访问共享属性
(100, 100)
>>> Testclass. data = 200            #通过类对象修改共享属性
```

```
>>> x. data,y. data                              #访问共享属性
(200, 200)
```

类对象的属性由所有实例对象共享，该属性的值只能通过类对象来修改。通过实例对象对共享属性赋值，其实质是创建实例对象的私有属性。示例如下：

```
>>> Testclass. data=200                          #修改共享属性值
>>> x. data,y. data,Testclass. data              #访问的都是共享属性
(200, 200, 200)
>>> x. data='abc'                                #创建 x 的私有属性 data
>>> x. data,y. data,Testclass. data              #x. data 访问的是 x 的私有属性 data
('abc', 200, 200)
>>> Testclass. data=500
>>> x. data,y. data,Testclass. data
('abc', 500, 500)
```

可以使用 del 语句删除对象的属性。示例如下：

```
>>> del x. data
>>> x. data
500
```

在以"实例对象.属性名"格式访问属性前，Python 会检查实例对象是否有匹配的私有属性。如果有，就返回该属性的值；如果没有，就进一步检查类对象是否有匹配的共享属性。在进一步检查中，如果有就返回该属性的值；如果没有，就产生 AttributeError 异常。

2. 实例对象的私有属性

实例对象的私有属性是指以"实例对象.属性名＝值"格式赋值时创建的属性。"私有"强调属性只属于当前实例对象，对其他实例对象而言是不可见的。实例对象一开始只拥有继承自类对象的所有属性，没有私有属性。只有在为实例对象的属性赋值后，才会创建相应的私有属性。示例如下：

```
>>> x=Testclass()                                #创建实例对象
>>> x. pdata                                     #试图访问实例对象的属性
Traceback (most recent call last):
   File "<pyshell#18>", line 1, in <module>
      x. pdata
AttributeError: 'testclass'object has no attribute 'pdata'
>>> x. setpdata(123)                             #调用方法为属性赋值
>>> x. pdata                                     #赋值后,可以访问属性
123
```

3. 对象的属性是动态的

Python 总是在首次为变量赋值时创建变量。对于类对象或实例对象而言，当为不存在的属性赋值时，Python 为对象创建属性。示例如下：

```
>>> Testclass. data2 ='abc'              #赋值,为类的对象添加属性
>>> x. data3 =[1,2]                      #赋值,为实例对象添加属性
>>> Testclass. data2,x. data2,x. data3   #访问属性
('abc', 'abc', [1,2])
```

说明：可以通过 dir 语句来查看对象属性列表，从列表中可以看到赋值操作为对象添加了属性。而且，在为类对象添加属性时，实例对象也自动拥有了该属性。

【**例 8-4**】定义一个学生类（Student），其实例属性包含姓名（name）和性别（sex），类属性包含学生人数（count），定义方法 addStudent(name,sex)用于增加学生信息，每增加一位学生，类属性的值就加 1。

代码如下：

```
class Student:                           #使用 class 关键字定义 Student 类
    count=0
    def addStudent(self,name,sex):       #定义方法 addStudent( )
        self. name=name                  #用 self 为实例属性 name 赋初值
        self. sex=sex                    #用 self 为实例属性 sex 赋初值
        Student. count+=1
stu1=Student( )                          #定义对象 stu1
stu1. addStudent("张三","男")            #调用对象 addStudent( )方法
stu2=Student( )
stu2. addStudent("李一","女")
print("stu1 学生姓名:%s;性别:%s;数量信息:%d"
        %(stu1. name,stu1. sex,Student. count))
print("stu2 学生姓名:%s;性别:%s;数量信息:%d"
        %(stu2. name,stu2. sex,Student. count))
```

运行结果：

```
stu1 学生姓名:张三;性别:男;数量信息:2
stu2 学生姓名:李一;性别:女;数量信息:2
```

从上面的程序可以看出，实例属性属于对象所有，而类属性属于类所有，所有的对象共有。当一个对象修改类属性的值时，其他对象中该类属性的值也发生变化。

8.3.2 类的方法

在 Python 所创建的类中有两个特定的方法，分别是__init__与__del__，前者称为构造

方法，后者称为析构方法（注意这两个方法的特定格式，方法名前后都有两个下划线）。在前面任务所编写的代码中，定义类时并没有显式定义这两个方法，则系统自动为类设置默认的构造方法和析构方法。

1. 默认构造方法

在 Python 中，每个类至少有一个构造方法。如果程序中没有显式定义任何构造方法，那么系统将自动提供一个隐含的默认构造方法；如果程序中已经显式定义构造方法，那么系统将不再提供隐藏构造方法。

所谓默认的构造方法，是指方法名为__init__，该方法中除了 self 参数之外没有任何参数，且该方法没有任何返回值。当创建类的对象时，系统会自动调用构造方法，从而完成对象的初始化操作。示例如下：

```
>>> class Test:
    def __init__(self,value):
        self. data＝value
        print('实例对象初始化完毕')


>>> x＝Test(100)
实例对象初始化完毕
>>> x. data
100
```

【例 8-5】定义一个航班类（Flight），该类中的属性包括 startCity（起飞城市）、destCity（目的城市）、FlyTime（起飞时间），定义方法 showFlight( )用于显示航班信息；在默认构造方法中，分别将起飞城市、目的城市和起飞时间设置为"北京""武汉""2021-4-28 15:30"；使用默认构造方法实例化对象，并显示航班信息。

代码如下：

```
class Flight:                          #定义 Flight 类
    def __init__(self):                #描述 Flight 类的默认构造方法
        self. startCity='北京'
        self. destCity='武汉'
        self. flyTime='2021-4-28 15:30'
    def showFlight(self):              #定义类的方法
        print("航班的起飞城市:%s;目的城市:%s;起飞时间:%s"
                    %(self. startCity,self. destCity,self. flyTime))
flight＝Flight( )
flight. showFlight( )
```

运行结果：

```
航班的起飞城市:北京;目的城市:武汉;起飞时间:2021-4-28 15:30
```

2. 有参数构造方法

默认构造方法除了 self 参数之外，没有任何其他参数。在构造方法中，还可以根据需要添加一个或多个参数，这称为有参构造方法。需要注意的是，在定义类时，如果没有为类定义构造方法，Python 编译器在编译时就会提供一个隐式的默认构造方法，Python 编译器不再提供系统默认的构造方法。一个 Python 类只能有一个用于构造对象的__init__方法。

【例 8-6】对例 8-5 进行修改，定义一个含有起飞城市、目的城市和起飞时间 3 个参数的构造方法；实例化类的对象，调用该构造方法初始化类的数据成员，并显示航班信息。

代码如下：

```
class Flight:                                    #使用 class 定义航班类
    def __init__(self,startCity,destCity,flyTime):   #定义含有 3 个参数的构造方法
        self. startCity = startCity
        self. destCity = destCity
        self. flyTime = flyTime
    def showFlight(self):
        print("航班的起飞城市:%s;目的城市:%s;起飞时间:%s"
                     % (self. startCity,self. destCity,self. flyTime))
flight = Flight('北京','武汉','2021-4-28 10:15')
flight. showFlight()
Flight2 = Flight('上海','武汉','2021-4-28 17:15')
Flight2. showFlight()
```

运行结果：

```
航班的起飞城市:北京;目的城市:武汉;起飞时间:2021-4-28 10:15
航班的起飞城市:上海;目的城市:武汉;起飞时间:2021-4-28 17:15
```

3. 析构方法

在 Python 程序中，可以通过 del 指令销毁已经创建的类的实例，或者当实例在某个作用域中被调用完毕后弹出某个作用域时，系统也会自动销毁这个实例。析构方法（__del__）与构造方法的功能正好相反，类的实例被系统销毁前会自动调用析构方法。通常，将需要在类的实例被销毁前完成的功能（如释放多余内存等）写在析构方法里。

【例 8-7】对例 8-6 进行修改，添加析构方法，输出销毁对象的相关信息，再次运行程序，输出结果。

代码如下：

```
class Flight:
    def __init__(self,startCity,destCity,flyTime):
        self. startCity = startCity
        self. destCity = destCity
```

```
        self. flyTime=flyTime
    def __del__(self):                      #定义类的析构方法
        print("调用析构方法,销毁对象")
    def showFlight(self):
        print("航班的起飞城市:%s;目的城市:%s;起飞时间:%s"
                        % (self. startCity,self. destCity,self. flyTime))
flight=Flight('北京','武汉','2021-4-28 10:15')
flight. showFlight()
Flight2=Flight('上海','武汉','2021-4-28 17:15')
Flight2. showFlight()
```

运行结果：

```
航班的起飞城市:北京;目的城市:武汉;起飞时间:2021-4-28 10:15
航班的起飞城市:上海;目的城市:武汉;起飞时间:2021-4-28 17:15
调用析构方法,销毁对象
调用析构方法,销毁对象
```

在程序运行结束前，系统会自动销毁前面创建的两个实例，此时会分别调用实例的析构方法，故在程序结束前输出两行"调用析构方法,销毁对象"。

4. 类方法

Python 也允许声明属于类的方法，即类方法。类方法不针对特定的对象进行操作，在类方法中访问对象的属性会导致错误。在 Python 中，类方法通过修饰符@classmethod 来定义，且第 1 个参数必须是类本身，通常为 cls。类方法的声明格式如下：

```
class 类名：
    @classmethod
    def 类方法名(cls):
        方法体
```

需要注意的是，虽然类方法的第 1 个参数为 cls，但在调用时不需要也不能给该参数传递值，Python 自动把类的对象传递给该参数，通过 cls 访问类的属性。要想调用类方法，既可以通过类名调用，也可以通过对象名调用，这两种方法没有区别。

【例 8-8】 定义一个班级类（ClassInfo），该类中包含类属性 number（班级人数），两个类方法 addNum(cls,number)与 getNum(cls)分别用于添加和显示班级人数。

代码如下：

```
class ClassInfo:                    #定义一个 ClassInfo 类
    number=0
    @classmethod                    #使用@classmethod 修饰符定义类方法
    def addNum(cls,number):         #实现班级人数添加
        cls. number=cls. number+number
```

```
        @classmethod                    #使用@classmethod 修饰符定义类方法
        def getNum(cls):                 #用于显示当前班级人数
            print("班级人数为:% d"% cls. number)
ClassInfo. number =5
ClassInfo. addNum(28)
ClassInfo. getNum()
```

运行结果：

```
班级人数为:33
```

5. 静态方法

静态方法是指不需要通过对象，直接通过类就可以调用的方法。静态方法主要用来存放逻辑性代码，其与类本身没有交互，不会涉及类中的其他方法和属性的操作。在 Python 中，可以使用修饰符@staticmethod 来标识静态方法。静态方法的声明格式如下：

```
class 类名：
    @staticmethod
    def 静态方法名( ):
        方法体
```

在上述格式中，静态方法的参数列表中没有任何参数。由于静态方法中没有 self 参数，因此无法访问对象属性；静态方法中也没有 cls 参数，因此无法访问类的属性。静态方法的定义和它的类没有直接关系，只是起到函数的作用。要使用静态方法，既可以通过类名调用，也可以通过对象名调用，两者之间没有差别。

【例8-9】定义一个 Person 类，该类中包含类的属性 country（国家），有一个静态方法 getCountry( )。编写程序实现调用静态方法，输出其国家信息。

代码如下：

```
class Person:                           #定义 Person 类
    country ='China'
    @staticmethod                       #使用@staticmethod 修饰符定义静态方法
    def getCountry():
        print("所属国家为 : ",Person. country)
Person. getCountry( )
```

输出结果：

```
所属国家为 : China
```

8.4 类的继承与多态

面向对象编程带来的好处之一就是代码的重用，实现这种重用的方法之一就是继承机制。继承描述的是两个（或多个）类之间的父子关系，当创建一个类时，不需要编写新的数据属性与方法，只需要指定新建的类继承一个已有的类即可，这个已有的类称为父类或基类，新建的类称为子类或派生类。继承实现了数据属性和方法的重写，可减少代码的冗余。

8.4.1 继承

继承是面向对象程序设计中代码重用的一种方法，继承是一种创建新类的机制，其目的是使用现有类的属性和方法。通过继承创建类时，所创建的类将"继承"其父类的属性和方法，且子类可以重新定义父类的属性和方法，还可以添加自己的属性和方法。

在 Python 中，继承有以下特点：

（1）在类的继承机制中，父类的初始化方法__init__不会被自动调用，如果希望子类调用父类的__init__方法，就需要在子类__init__方法中显式调用它。

（2）在调用父类的方法时，需要添加父类的类名前缀，且带上 self 参数变量。需要注意的是，若在类体外调用该类中定义的方法，就不需要 self 参数。

（3）在 Python 中，子类不能访问父类的私有成员。

1. 单继承

单继承是指了类只继承一个父类。在单继承中，一个子类只有一个父类，但一个父类可能有多个子类。在 Python 中，单继承的格式如下：

```
class 子类名(父类):
    类体
```

从上面的格式来看，定义单继承的语法非常简单，只需要在原定义后增加圆括号，并在括号里添加一个父类，即可表明该子类继承这个父类。如果在定义一个 Python 类时，未显式指定这个类的直接父类，则该类默认继承 Object 类。

【例 8-10】定义学校人员基本信息类（SchoolMember），包含属性 username（姓名）、depart（部门）、sex（性别）。定义教师信息类（Teacher），其除了包含学校人员基本信息外，还包含职称信息（title）。定义学生信息类（Student），其除了包含学校人员基本信息外，还包含专业信息（major）。输出教师和学生的全部信息。

代码如下：

```
class SchoolMember:
    def __init__(self,username,depart,sex):        #定义父类 SchoolMember 的构造方法
        self. username＝username
```

```
            self. depart=depart
            self. sex=sex
        def showInfo(self):                      #定义父类的方法 showInfo( )
            print("姓名:%s;系部:%s;性别:%s"
                % (self. username,self. depart,self. sex))
    class Teacher(SchoolMember):                 #定义子类 Teacher 的构造方法
        def __init__(self,username,depart,sex,title):
            SchoolMember.__init__(self,username,depart,sex)
            self. title=title
        def showTitle(self):                     #定义子类 showTitle( )方法
            print("教师职称:%s"% self. title)
    class Student(SchoolMember):                 #定义子类 Student 的构造方法
        def __init__(self,username,depart,sex,major):
            SchoolMember.__init__(self,username,depart,sex)
            self. major=major
        def showMajor(self):                     #定义子类 showMajor( )方法
            print("学生专业:%s"% self. major)
    teacher = Teacher("张老师","计算机科学学院","男","副教授")
    teacher. showTitle( )
    teacher. showInfo( )
    student = Student("李同学","计算机科学学院","男","软件工程")
    student. showMajor( )
    student. showInfo( )
```

运行结果：

```
教师职称:副教授
姓名:张老师;系部:计算机科学学院;性别:男
学生专业:软件工程
姓名:李同学;系部:计算机科学学院;性别:男
```

2. 多继承

多继承是指子类可以同时继承多个父类，如果父类中存在同名的属性或方法，Python 将按从左到右的顺序在父类中搜索方法。

【例8-11】 根据双亲多继承层次关系，定义父类 Father 并打印输出工资；定义父类 Mother 并打印输出爱好；定义子类 Son( )，通过继承 Father 和 Mother 的特性，初始化两个父类构造方法，打印输出学习时间；实例化子类对象，调用父类和子类的方法输出。

代码如下：

```
class Father:
    def __init__(self,salary):          #定义父类 Father 的构造方法
        self.salary=salary
    def showSalary(self):               #定义父类 showSalary( )方法
        print("工资:",self.salary)
class Mother:
    def __init__(self,hobby):           #定义父类 Mother 的构造方法
        self.hobby=hobby
    def showHobby(self):                #定义父类 showHobby( )方法
        print("爱好:% s"% self.hobby)
class Son(Father,Mother):               #定义子类 son 分别继承了 Father 和 Mother 的特征
    def __init__(self,salary,hobby,studyTime):
        Father.__init__(self,salary)
        Mother.__init__(self,hobby)
        self.studyTime=studyTime
    def showStudyTime(self):
        print("每天学习时间:",self.studyTime)
son=Son(9000,"唱歌",2)                   #实例化子类的对象
son.showSalary()
son.showStudyTime()
son.showHobby()
```

运行结果:

```
工资:9000
每天学习时间:2
爱好:唱歌
```

3. 方法重写

方法重写是指在子类中有一个和父类名称相同的方法,此时子类的方法会覆盖父类中的同名方法。在类的继承关系中,子类会自动拥有父类定义的方法,若子类想按照自己的方式实现方法,便可以对父类的方法进行重写,使得子类的方法覆盖父类中同名的方法。

【例 8-12】 根据继承关系实现方法重写,定义父类 SchoolMember( ),在该类中实例化属性 username、depart 和 sex,显示用户信息;定义子类 Teacher( ),显示教师授课信息,并调用父类的同名方法;定义子类 Student,显示学生专业信息,调用父类同名方法;实例化子类对象,输出显示对象信息。

代码如下:

```
class SchoolMember:
    def __init__(self,username,depart,sex):
```

```
            self. username=username
            self. depart=depart
            self. sex=sex
        def showInfo(self):
            print("姓名:%s;系部:%s;性别:%s"
                    %(self. username,self. depart,self. sex))
class Teacher(SchoolMember):
    def __init__(self,username,depart,sex,course):
        SchoolMember. __init__(self,username,depart,sex)
        self. course=course
    def showInfo(self):
        print("教授课程:%s"% self. course)
        super(). showInfo()
class Student(SchoolMember):
    def __init__(self,username,depart,sex,major):
        SchoolMember. __init__(self,username,depart,sex)
        self. major=major
    def showInfo(self):
        print("学生专业:%s"% self. major)
        super(). showInfo()
teacher=Teacher("王老师","计算机科学学院","男","Python 程序设计")
teacher. showInfo()
student=Student("李同学","计算机科学学院","女","Python 人工智能基础")
student. showInfo()
```

运行结果:

```
教授课程:Python 程序设计
姓名:王老师;系部:计算机科学学院;性别:男
学生专业:Python 人工智能基础
姓名:李同学;系部:计算机科学学院;性别:女
```

8.4.2 多态机制

多态性是面向对象程序设计的三大特征之一，对于弱类型的语言来说，变量并没有声明类型，因此同一变量完全可以在不同的时刻引用多个不同的对象，当同一变量在调用不同方法时，就可能呈现多态性。在 Python 中，多态性是指将父对象设置为一个（或多个）它的子对象的引用，用同一种方式调用父类的方法，根据同一类对象引用的不同，在程序执行过程中调用子类的不同方法。

Python 是动态语言，可以调用实例方法，其不检查类型，只要方法存在、参数正确就可以调用，这是其与静态语言（如 Java、. Net）的最大区别之一，表明了动态绑定的存在。多态特征在 Python 内建运算符和函数中体现。示例如下：

```
>>> 2+3
5
>>> '2'+'3'
'23'
```

这里的运算符"+"对于数值和字符串对象计算的结果是不一样的。若运算符"+"左右对象是数值，就进行算术"加"运算；若运算符"+"左右对象是字符串，就将两个字符串连接。这种现象称为运算符重载。

8.5 案例：垃圾分类

8.5.1 案例任务

实施垃圾分类具有重要意义。在当今信息化快速发展的社会，软件工程师不仅是技术的实现者，更是社会责任的承担者。本案例旨在实现一个简易的智能垃圾分类系统。

任务：设计与实现一个基于 Python 的"垃圾分类系统"。

生活垃圾一般可分为四大类：可回收物、有害垃圾、厨余垃圾、其他垃圾，对应 4 个不同颜色的垃圾桶。本案例的任务是根据用户所要丢弃的垃圾，系统能够识别其所属的垃圾类别，从而让用户将垃圾放入正确颜色的垃圾桶中。

8.5.2 案例分析和实现

1. 案例分析

1）"垃圾分类系统"具备的功能

● 用户交互：系统根据用户输入的垃圾名称，给出分类结果。

● 垃圾分类：系统应能够识别垃圾类型，并将其归类为可回收物、有害垃圾、厨余垃圾、其他垃圾。

2）类设计

● 定义父类：父类 Garbage 包含垃圾的基本信息（如名称）和一个抽象方法 classify（这个方法将在子类中实现）。

● 定义具体的垃圾类：RecyclableGarbage、HarmfulGarbage、KitchenGarbage、OtherGarbage，分别代表可回收物、有害垃圾、厨余垃圾、其他垃圾。它们继承自 Garbage 类，并实现 classify 方法（在本案例中，classify 方法只是返回一个固定的字符串，但在真实应用中，它可能包含更复杂的逻辑）。

● 定义垃圾分类器 GarbageClassifier：根据输入创建相应的垃圾对象，并调用其 classify 方法来获取分类结果。

2. 案例实现

参考代码如下：

```python
from abc import abstractmethod

class Garbage:
    def __init__(self, name):
        self.name = name

    @abstractmethod
    def classify(self):
        pass                    #子类需要实现这个方法

class RecyclableGarbage(Garbage):
    def classify(self):
        return "可回收物"

class HarmfulGarbage(Garbage):
    def classify(self):
        return "有害垃圾"

class KitchenGarbage(Garbage):
    def classify(self):
        return "厨余垃圾"

class OtherGarbage(Garbage):
    def classify(self):
        return "其他垃圾"

class GarbageClassifier:
    def __init__(self):
        self.garbage_types = {
            "塑料瓶": RecyclableGarbage,
            "电池": HarmfulGarbage,
            "剩余的饭菜":KitchenGarbage,
            "抹布":OtherGarbage
        }

    def classify_garbage(self, garbage_name):
```

```
            garbage_class = self. garbage_types. get(garbage_name, Garbage)
                                                    #未知垃圾默认为 Garbage 父类
            garbage_instance = garbage_class(garbage_name)
            return garbage_instance. classify()


def main():
    classifier = GarbageClassifier()
    while True:
        garbage_name = input("请输入垃圾名称(或输入'q'退出):")
        if garbage_name. lower() == 'q':
            break
        result = classifier. classify_garbage(garbage_name)
        print(f"垃圾 '{garbage_name}' 的分类结果是:{result}")


if __name__ == "__main__":
    main()
```

运行结果:

```
请输入垃圾名称(或输入'q'退出):塑料瓶↙
垃圾 '塑料瓶' 的分类结果是:可回收物
请输入垃圾名称(或输入'q'退出):电池↙
垃圾 '电池' 的分类结果是:有害垃圾
请输入垃圾名称(或输入'q'退出):剩余的饭菜↙
垃圾 '剩余的饭菜' 的分类结果是:厨余垃圾
请输入垃圾名称(或输入'q'退出):抹布↙
垃圾 '抹布' 的分类结果是:其他垃圾
请输入垃圾名称(或输入'q'退出):q↙
```

📠 8.5.3 总结和启示

通过本案例,我们不仅能够锻炼面向对象编程的基本技能,还能够深入理解技术人员在社会中的角色和责任。本案例启示我们:

(1)技术与责任相结合。作为技术人员,我们应该意识到我们的工作不仅是为了实现技术本身,更是为了服务社会,承担相应的社会责任。

(2)持续学习与创新。随着社会的不断发展,新的环保技术和理念不断涌现,作为技术人员,我们应该保持持续学习的态度,不断创新,为环保事业贡献自己的力量。

本案例通过面向对象编程的实践,引导大家思考技术与社会的关系,加强我们的职业道德和社会责任感。未来,大家可以结合人工智能领域中的机器视觉来实现基于图像的垃圾分类功能。

8.6 本章小结

本章主要介绍了 Python 面向对象的编程思想、类与对象的概念及关系、对象的创建、对象的 self 参数、类的实例属性与类属性、类的构造方法、析构方法、类方法、静态方法等内容。

综合实验

【实验目的】

1. 掌握面向对象的程序设计思想。
2. 掌握类属性和类方法的使用。
3. 理解方法和属性的调用方式。

【实验内容】

通讯录管理系统是一种常用的通讯录管理软件，主要实现对联系人的增加、删除、修改及查询等操作管理。使用面向对象的程序设计思想编写通讯录管理系统，主要实现以下功能：

（1）以字典形式保存联系人信息，包括姓名、电话、邮箱、地址、生日。

（2）定义 contact_menu( )方法，输出菜单信息：

1.添加联系人 2.删除联系人 3.修改联系人 4.搜索联系人 5.退出通讯录

（3）分别定义 add_contact( )、delete_contact( )、modify_contact( )和 search_contact( )方法实现联系人的增加、删除、修改、查询操作。

分析：首先定义 Contact 类，然后在类体中定义 contact_menu( )、add_contact( )、delete_contact( )、modify_contact( )和 search_contact( )5 个方法，分别实现打印菜单、增加联系人、删除联系人、修改联系人和查询联系人操作，最后实例化对象，在 while 循环体中根据用户输入来完成具体功能。

具体操作步骤如下：

（1）在 Windows 操作系统的"开始"菜单中选择"Python 3.12"→"IDLE"，启动 IDLE 交互环境。

（2）在 IDLE 交互环境中选择"File"→"New"，打开源代码编辑器。

（3）在源代码编辑器中输入以下代码：

```
class Contact:
    total_amount=0
    contacts_dict={}
    def contact_menu(self):
        print("欢迎使用简易通讯录管理系统:"
```

```
            "1.添加联系人"
            "2.删除联系人"
            "3.修改联系人"
            "4.搜索联系人"
            "5.退出通讯录")
def add_contact(self):
    name=input("请输入添加的联系人姓名:")
    if name in Contact. contacts_dict:
        print("该联系人已存在")
    else:
        telephone=input("请输入 11 位电话号码")
        email=input("请输入邮箱:")
        address=input("请输入地址:")
        birthday=input("请输入生日:")
        label={"tele":telephone,"email":email,"add":address,"birth":birthday}
        Contact. contacts_dict[name]=label
        Contact. total_amount+=1
        print("添加成功,当前已有联系人{}人". format(Contact. total_amount))
def delete_contact(self):
    name=input("请输入要删除的联系人姓名")
    if name in Contact. contacts_dict:
        del Contact. contacts_dict[name]
        print(Contact. contacts_dict)
        Contact. total_amount- =1
        print("删除成功,当前已有联系人{}人". fromat(Contact. total_amount))
    else:
        print("{}不在通讯录中". format(name))
def search_contact(self):
    name=input("请输入要搜索的联系人姓名:")
    if name in Contact. contacts_dict:
        print(Contact. contacts_dict[name])
    else:
        print("{}不在通讯录中". format(name))
def modify_contact(self):
    name=input("请输入要修改的联系人姓名:")
    if name in Contact. contacts_dict:
        print("修改前")
        print(Contact. contacts_dict[name])
        modify_tele=input("请输入修改后的电话号码")
```

```
            modify_email=input("请输入修改后的邮箱")
            modify_address=input("请输入修改后的地址")
            modify_birth=input("请输入修改后的生日")
            modify_label={"tele":modify_table,"email":modify_email,
                          "add":modify_address,"birth":modify_birth}
            Contact. contacts_dict[name]=modify_label
            print("修改后:",Contact. contacts_dict[name])
        else:
            print("{}不在通讯录中". format(name))
contact_person=Contact()
while True:
    contact_person. contact_menu()
    choice=int(input("请选择功能:输入对应的数字"))
    if choice==1:
        contact_person. add_contact()
    elif choice==2:
        contact_person. delete_contact()
    elif choice==3:
        contact_person. modify_contact()
    elif choice==4:
        contact_person. search_contact()
    elif choice==5:
        break
    else:
        print("输入不合法,请重新输入")
```

（4）按【Ctrl+S】组合键保存程序文件，将文件名命名为 practice8. py。

（5）按【F5】键运行程序，IDLE 交互环境显示了结果，如图 8-1 所示。

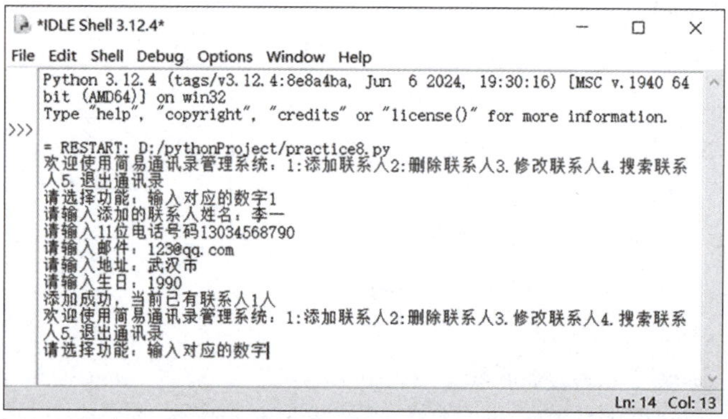

图 8-1 运行结果

【实验总结】

1. 收获

_____

_____

_____

_____

2. 需要改进之处

_____

_____

_____

_____

习 题

一、选择题

1. 以下不属于面向对象程序设计特征的是 （　　）。

A. 封装 　　　　　B. 继承 　　　　　C. 多态 　　　　　D. 抽象

2. 以下关于 self 关键字的叙述，正确的是 （　　）。

A. self 可有可无，它的参数位置也不确定

B. self 是可以修改的

C. self 代表当前对象的地址

D. self 不是关键词，也不用赋值

3. 构造方法是一种特殊的方法，在 Python 中构造方法的名称是 （　　）。

A. construtor 　　　B. init 　　　　　C. __init__ 　　　　D. __del__

4. A 的子类有 B、C，B 的子类有 D、E，E 的子类有 F。下列不属于 F 的父类的是 （　　）。

A. A 　　　　　　B. B 　　　　　　C. C 　　　　　　D. E

5. 下面的代码运行后的输出结果是 （　　）。

```
class Test:
    x=10
a=Test( )
b=Test( )
a. x=20
Test. x=30
print(b. x)
```

A. 0 　　　　　　B. 10 　　　　　　C. 20 　　　　　　D. 30

二、编程题

1. 请定义一个类，为其定义一个用于存放一个整数列表的数据属性 data，data 的初始值为空列表；为类定义一个方法 sum，用于计算 data 中所有整数的和。要求通过类对象和实例对象均可调用 sum 方法。

2. 请定义一个类来表示矩阵，要求如下：

（1）矩阵可初始化大小。例如，提供参数 m 和 n，可以定义 $m×n$ 的矩阵。

（2）可将以元组或列表方式表的数据存入矩阵。

（3）可执行矩阵转置。

（4）可执行两个 $m×n$ 矩阵的加法。

第 9 章
文　件

在实际应用系统中，输入、输出数据可以从标准输入、输出设备进行，但在数据量大、数据访问频繁及数据处理需长期保存的情况下，一般将数据以文件形式保存。文件是保存于存储介质中的数据集合，按存储格式可将文件分为文本文件和二进制文件。Python 使用文件对象来读写文件，文件对象根据读写模式来决定如何读取文件数据。

本章要点

- 掌握文本文件的读写方法。
- 掌握二进制文件的读写方法。
- 熟悉文件的其他操作。

9.1　Python 文件

文件（file）是存储在外部介质上的一组相关信息的集合。例如，程序文件是程序代码的集合，数据文件是数据的集合。每个文件都有一个名称，称为文件名。一批数据以文件形式存入外部介质（如磁盘），操作系统以文件为单位对数据进行管理。也就是说，如果想寻找保存在外部介质上的数据，就必须先按文件名找到指定的文件，然后从该文件中读取数据。要想将数据存储到外部介质，也必须以文件名为标识先建立一个文件，才能向它输出数据。

9.1.1　文件类型

文件可分为文本文件和二进制文件。文本文件根据字符编码保存文本，常用字符编码包括 ASCII、UTF-8、GB 2312 等。文本文件按字符读取文件，一个字符占用一个（或多个）字节。文本文件常用于保存字符组成的文本，整个文件可看作一个长字符串。

二进制文件存储的是数据的二进制代码（位 0 和位 1），即将数据在内存中的存储形式复制到文件中。二进制文件没有字符编码，文件的存储格式与用途无关。二进制文件通常用于保存图像、音频和视频等数据。图像、音频和视频有不同的编码格式，如 png 格式的图像、mp3 格式的音频、mp4 格式的视频等。二进制文件通常按字节读取文件。

Python 根据打开模式按文本文件格式或二进制文件格式读写文件中的数据。例如，文本文件 data. txt 包含一个字符串"Hello World!"，按文本文件格式读取文件数据的示例如下：

```
>>> file＝open('E:/data. txt','rt')
>>> print(file. readline( ))
Hello World!
>>>file. close( )
```

按二进制文件格式读取文件数据的示例如下：

```
>>> file＝open('E:/data. txt','rb')
>>> print(file. readline( ))
b'Hello World! \r\n'
>>> file. close( )
```

按文本文件格式读取数据时，Python 会根据字符编码将数据解码为字符串，即将数据转换为有意义的字符。按二进制文件格式读取数据时，数据为字节流，Python 不执行解码操作，读取数据为 bytes 字符串，并按 bytes 字符串的格式输出。

9.1.2 打开和关闭文件

1. 打开文件

Python 可使用其内置的 open( ) 函数来打开文件，并返回其关联的文件对象。open( ) 函数的基本格式如下：

```
myfile＝open(filename[,mode])
```

其中，myfile 为引用文件对象的变量，filename 为文件名字符串，mode 为文件的读写模式。文件名可包含相对路径或绝对路径，省略路径时，Python 在当前工作目录中搜索文件。IDLE 交互环境的当前工作目录为 Python 安装目录。在 Windows 命令提示窗口执行 python. exe 进入交互环境或执行 Python 程序时，当前目录为 Python 的当前工作目录。

文件打开模式如表 9-1 所示。

表 9-1　文件打开模式

模式	含义
r	只读模式（默认）
w	覆盖写模式（若不存在，则新建；若存在，则重写新内容）
a	追加模式（若不存在，则新建；若存在，则只追加内容）
x	创建写模式（若不存在，则新建；若存在，则出错）
+	与 r/w/a/x 一起使用，增加读写功能
t	文本类型
b	二进制类型

打开文件后，Python 用一个文件指针记录当前读写位置。以 "w" 和 "a" 模式打开文件时，文件指针指向文件末尾；以 "r" 模式打开文件时，文件指针指向文件开头。Python 始终在文件指针的位置读写数据，读取或写入一个数据后，根据数据长度向后移动文件指针。

2. 关闭文件

文件使用完毕后，应当关闭，这意味着释放文件对象以供其他程序使用，同时可以避免文件中的数据丢失。文件对象的 close( ) 方法可用于关闭已打开的文件，其调用格式如下：

```
close( )
```

close( ) 方法将缓冲区尚未存盘的数据写入磁盘，并释放文件对象。此后，如果要使用该文件，则必须重新打开。我们应该养成在文件访问之后及时关闭文件的习惯，一方面避免数据丢失，另一方面及时释放内存，以减少系统资源占用。

示例如下：

```
fo=open("file. txt","wb")
print("Name of the file:",fo. name)
fo. close()
```

9.1.3 文件对象属性

打开文件后，可通过文件对象属性来得到该文件的有关信息。文件对象属性如表9-2所示。

表9-2　文件对象属性

名称	含义
myfile. read( )	将从文件指针位置开始到文件末尾的内容作为一个字符串返回
myfile. read(n)	将从文件指针位置开始的 n 个字符作为一个字符串返回
myfile. readline( )	将从文件指针位置开始到下一个换行符号的内容作为一个字符串返回，读取内容包含换行符号
myfile. readlines( )	将从文件指针位置开始到文件末尾的内容作为一个列表返回，每一行的字符串作为一个列表元素
myfile. write(xstring)	在文件指针位置写入字符串，返回写入的字符个数
myfile. write(xlist)	将列表中的数据合并为一个字符串写入文件指针位置，返回写入的字符个数
myfile. seek(n)	将文件指针移动到第 $n+1$ 个字节，0 表示指向文件开头的第一个字节
myfile. tell( )	返回文件指针的当前位置

文本文件按字符读取数据，如果文件包含 Unicode 字符，Python 就会自动进行转换。文本文件中每行末尾以回车换行符号结束，在读取的字符串中，Python 用 "\n" 代替回车换行符号。二进制文件读取的回车换行符号为 "\r\n"。

文本文件 code. txt 的数据如下，本节后续内容将使用该文件说明如何读写文本文件。

```
One 第一行
Two 第二行
Three 第三行
```

1. 以 "r" 模式打开文件读取数据

以 "r" 模式打开文件时，文件指针位于文件开头，只能从文件读取数据。示例如下：

```
>>> myfile=open(r'E:\code. txt')        #以默认只读方式打开文件
>>> x=myfile. read()                     #读取文件全部内容到字符串
>>> x                                    #每行末尾的换行符号在字符串中以"\n"出现
'One 第一行\nTwo 第二行\nThree 第三行'
```

```
>>> print(x)
One 第一行
Two 第二行
Three 第三行
>>> myfile. read()          #文件指针已指向文件末尾,返回空字符串
''
>>> myfile. seek(0)         #将文件指针移到文件开头
0
>>> myfile. read(8)         #读取 8 个字符
'One 第一行 \n'
>>> myfile. tell()          #返回文件指针的当前位置
12
>>> myfile. readline()      #读取从文件指针位置到当前行末尾的字符串
'Two 第二行 \n'
>>> myfile. seek(0)
0
>>> myfile. readline()
'One 第一行 \n'
>>> myfile. readlines()     #读取指针所在位置之后的所有字符串
['Two 第二行 \n', 'Three 第三行']
>>> myfile. seek(0)
0
>>>myfile. close()
```

2. 以 "r+" 模式打开文件

以 "r+" 模式打开文件时, 文件操作具有以下特点:

(1) 既可以从文件读取数据, 又可以向文件写入数据。

(2) 刚打开文件时, 文件指针指向文件开头。

(3) 在执行完操作后, 立即执行 "写" 操作时, 不管文件指针的位置在哪里, 都将数据写入文件末尾。

(4) 要想在特定位置写入数据, 需要先执行 seek( ) 函数指定文件指针的位置, 再写入数据。

示例如下:

```
>>> myfile=open(r'E:\code. txt','r+')
>>> myfile. write('Hello')          #写入字符串,此时写入文件开头,覆盖原数据
5
>>> myfile. seek(0)                 #定位文件指针到文件开头
0
>>> myfile. read()                  #读取全部数据
```

```
'Hello 一行\nTwo 第二行\nThree 第三行'
>>> myfile. seek(7)                 #将文件指针指向第 8 个字节
7
>>> myfile. write('123')            #写入数据,会覆盖原第一行末尾的换行符号
3
>>> myfile. seek(0)
0
>>> myfile. read()
'Hello 一 123\nTwo 第二行\nThree 第三行'
>>> myfile. seek(0)
0
>>> myfile. read(8)
'Hello 一 12'
>>> myfile. tell()                  #查看文件指针的位置
9
>>> myfile. write(' ***')           #将读取的数据立即写入,数据写入文件末尾
3
>>> myfile. seek(0)
0
>>> myfile. read()                  #读取全部数据
'Hello 一 123\nTwo 第二行\nThree 第三行 ***'
>>> myfile. close()
```

3. 以 "w" 模式打开文件

以 "w" 模式打开文件时，会创建一个新文件。如果存在同名文件，则原来的文件会被覆盖，所以使用 "w" 模式打开文件时应特别小心。以 "w" 模式打开文件时，只能向文件写入数据。

示例如下：

```
>>> myfile=open(r'E:\code2. txt','w')
>>> myfile. write('one \n')
4
>>> myfile. seek(0)
0
>>> myfile. writelines(['1','2','abc'])
>>> myfile. close()
>>> myfile=open(r'E:\code. txt)

SyntaxError: EOL while scanning string literal
```

```
>>> myfile=open(r'E:\code2. txt')
>>> myfile. read()
'12abc'
>>> myfile. close()
```

4. 以 "w+" 模式打开文件

以 "w+" 模式打开文件时，允许同时读写文件。示例如下：

```
>>> myfile=open(r'E:\code2. txt','w+')
>>> myfile. read()                    #新建文件,其中没有数据,返回空字符串
''
>>> myfile. write('Hello \n')         #将字符串写入文件
6
>>> myfile. writelines(['1','2','World'])
>>> myfile. seek(0)                   #将指针移到文件开头
0
>>> myfile. readline()                #读取第 1 行
'Hello \n'
>>> myfile. readline()                #读取第 2 行
'12World'
>>> myfile. readline()                #已到文件末尾,返回空字符串
''
>>> myfile. seek(5)                   #将文件指针移到第 5 个字节之后
5
>>> myfile. write(' ****')            #将字符串写入文件
4
>>> myfile. seek(0)                   #将指针移到文件开头
0
>>> myfile. read()                    #读取全部数据
'Hello **** World'
>>> myfile. close()                   #关闭文件
```

5. 以 "a" 模式打开文件

以 "a" 模式打开文件时，只能向文件写入数据，打开文件时，文件指针指向文件末尾，向文件写入的数据添加到文件末尾。

```
>>> myfile=open(r'E:\code2. txt','a')
>>> myfile. write('\n123456')         #将字符串写入文件
7
```

```
>>> myfile=open(r'E:\code2. txt')          #重新以只读方式打开文件
>>> print(myfile. read())                   #查看读取数据
Hello * * * * World
123456
>>> myfile. close()
```

6. 以"a+"模式打开文件

"a"模式与"a+"模式的唯一区别是前者除了允许写入数据，还可以读取数据。示例如下：

```
>>> myfile=open(r'E:\code2. txt','a+')
>>> myfile. tell()                          #查看文件指针的位置,此时为文件末尾
22
>>> myfile. write('\n 新添加的数据')        #将字符串写入文件
7
>>> myfile. seek(0)                         #将文件指针移到文件开头
0
>>> print(myfile. read())                   #打印读取的文件内容
Hello * * * * World
123456
新添加的数据
>>> myfile. seek(5)                         #将文件指针移到第 5 个字符之后
5
>>> myfile. write('newdata')                #将字符串写入文件
7
>>> myfile. seek(0)                         #将文件指针移到文件开头
0
>>> print(myfile. read())                   #打印读取的数据
Hello * * * * World
123456
新添加的数据 newdata
>>> myfile. close()
```

9.1.4 读写二进制文件

之前介绍的文本文件中的各种读写方法均可用于二进制文件，其区别在于：二进制文件读写使用的是 bytes 字符串。读写二进制文件使用"wb"（write binary）和"rb"（read binary）模式。例如，下面的代码先以"wb"模式创建一个二进制文件，然后分别用"r"

和"rb"模式打开文件，读取文件内容。

```
>>> myfile=open(r'E:\code3. txt','wb')        #创建二进制文件
>>> myfile. write('Hello')                    #出错,二进制文件只能写入 bytes 字符串
Traceback (most recent call last):
    File "<pyshell#59>", line 1, in <module>
        myfile. write('Hello')
TypeError: a bytes- like object is required, not 'str'
>>> myfile. write(b'Hello')                   #字符串前面加 b
5
>>> myfile. write(b' \nWorld')
6
>>> myfile. close( )
>>> myfile=open(r'E:\code3. txt','r')
>>> print(myfile. read( ))                    #打印文件全部内容
Hello
World
>>> myfile=open(r'E:\code3. txt','rb')
>>> print(myfile. read( ))
b'Hello\nWorld'
>>> myfile. close( )
```

【例9-1】将 E 盘中的文件"春晓.txt"分别按整体读取、按行读取、按二进制代码读取。

春晓

作者：孟浩然

春眠不觉晓，

处处闻啼鸟。

夜来风雨声，

花落知多少。

代码如下：

```
>>> fh=open("E:/春晓 . txt","r")              #以非二进制的默认编码方式打开文件
>>> alldata=fh. read( )
>>> print(alldata)
春晓
作者:孟浩然
春眠不觉晓，
处处闻啼鸟。
夜来风雨声，
花落知多少。
```

```
>>> fh. read( )
''
>>> fh. close( )
>>> fh＝open("E:/春晓 . txt","r")
>>> fh. readline( )
'春晓 \n'
>>> fh. readline( )
'作者:孟浩然 \n'
>>> fh. readline( )
'春眠不觉晓, \n'
>>> fh. readline( )
'处处闻啼鸟。 \n'
>>> fh. readline( )
'夜来风雨声,\n'
>>> fh. readline( )
'花落知多少。\n'
>>> fh. readline( )
''
>>> fh. close( )
>>> fh＝open("E:/春晓 . txt","r",encoding＝"gbk")
>>> alldata＝fh. readlines( )
>>> print(alldata)
['春晓 \n', '作者:孟浩然 \n', '春眠不觉晓, \n', '处处闻啼鸟。 \n', '夜来风雨声,\n', '花落
知多少。 \n']
>>> fh. close( )
>>> fh＝open("E:/春晓 . txt",'rb')                    #以二进制的编码方式打开文件
>>> fh. read()                                      #每行内容是二进制格式
b'\xb4\xba\xcf\xfe\r\n\xd7\xf7\xd5\xdf\xa3 \xba\xc3\xcf\xba\xc6\xc8\xbb\r\n\xb4\
xba\xc3\xdf\xb2\xbb\xbe\xf5\xcf\xfe\xa3\xac\r\n\xb4\xa6\xb4\xa6\xce\xc5\xcc\xe4\
xc4\xf1\xa1\xa3\r\n\xd2\xb9\xc0\xb4\xb7\xe7\xd3\xea\xc9\xf9\xa3\xac\r\n\xbb\xa8\
xc2\xe4\xd6\xaa\xb6\xe0\xc9\xd9\xa1\xa3\r\n'
>>> fh. close( )
```

📑 9.1.5 用文件存储对象

用文本文件格式或二进制文件格式直接存储 Python 中的各种对象时，通常需要烦琐地进行转换。对此，可以使用 Python 标准模块 pickle 来处理文件中对象的读写。示例如下：

```
>>> x=[1,2,'Hello']                          #创建列表对象
>>> y={'name':'Anndy','age':'19'}            #创建字典对象
>>> myfile=open(r'd:\code. txt','wb')        #以二进制的编码方式打开文件
>>> import pickle                            #导入 pickle 模块
>>> pickle. dump(x,myfile)                   #将列表对象写入文件
>>> pickle. dump(y,myfile)
>>> myfile. close( )
>>> myfile=open(r'd:\code. txt','rb')        #以二进制的编码方式打开文件
>>> myfile. read()                           #直接读取文件中的全部内容
b'\x80\x04\x95\x11\x00\x00\x00\x00\x00\x00\x00]\x94(K\x01K\x02\x8c\x05Hello\
x94e.\x80\x04\x95\x1f\x00\x00\x00\x00\x00\x00\x00}\x94(\x8c\x04name\x94\x8c\
x05Anndy\x94\x8c\x03age\x94\x8c\x0219\x94u. '
>>> myfile. seek(0)                          #将文件指针移到文件开头
0
>>> x=pickle. load(myfile)                   #从文件读取对象
>>> x
[1, 2, 'Hello']
>>> x=pickle. load(myfile)
>>> x
{'name': 'Anndy', 'age': '19'}
>>> myfile. close( )
```

用文件来存储程序中的各种对象称为对象的序列化。序列化操作可以保存程序运行中的各种数据，以便恢复运行状态。

9.2　文件其他操作

本节介绍一些常见的关于文件的其他操作，如文件的复制、删除、重命名和目录的删除等。

1. 文件复制

文件的复制与文件的移动是有区别的，文件的复制操作后会将原文件保留，而文件的移动操作后原文件将消失。文件的复制操作的示例如下：

```
>>> import shutil
>>> shutil. copyfile("D:/code. txt","D:/code1. txt")
'D:/code1. txt'
```

执行上面的代码之后，在 D 盘就会出现"code1.txt"文件，而原目录中的原文件并未消失。

2. 文件删除

对文件的操作通常涉及目录操作。Python 的 os 模块提供了目录操作函数，在使用之前需导入该模块。示例如下：

```
import os
```

要想删除某个文件，可以使用 os.remove( )方法进行。删除 D 盘下"code1.txt"文件的示例如下：

```
>>> import os
>>> os.remove("D:/code1.txt")
```

删除后，该目录中对应的文件就会消失。

3. 文件重命名

要想重命名某个文件，可以通过 os.rename( )实现。将 D 盘下的"code.txt"文件重命名为"code1.txt"的示例如下：

```
>>> import os
>>> os.rename("D:/code.txt","D:/code1.txt")
```

执行完上面的代码之后，文件重命名成功。需要注意的是，重命名某个文件时，该文件不能被其他程序占用。

4. 目录删除

如果要删除一个目录，则可以使用 os.rmdir( )或者 shutil.rmtree( )方法实现。注意：os.rmdir( )只能删除空目录（即该目录下没有任何文件）；而 shutil.rmtree( )不管是空目录还是非空目录，都可以删除。示例如下：

```
>>> import os
>>> os.rmdir("D:/temp/code.txt")
```

9.3　案例：品诗词之美

9.3.1　案例任务

任务 1：创建一首以《沁园春·雪》为文件名的 txt 文件，并依次写入如下诗词内容：

沁园春·雪

毛泽东

北国风光，千里冰封，万里雪飘。

望长城内外，惟余莽莽；大河上下，顿失滔滔。

山舞银蛇，原驰蜡象，欲与天公试比高。

须晴日，看红装素裹，分外妖娆。

江山如此多娇，引无数英雄竞折腰。

惜秦皇汉武，略输文采；唐宗宋祖，稍逊风骚。

一代天骄，成吉思汗，只识弯弓射大雕。

俱往矣，数风流人物，还看今朝。

任务2：通过循环语句，依次读出该文件的每一行，并打印输出在屏幕上。

9.3.2 案例分析和实现

任务1：首先，在目标文件夹中创建一个txt文件，这里以创建"qinyuanchun.txt"为例。在写入诗歌时，我们既可以一次性输入，也可以分行进行输入。参考代码如下：

```
#写入古诗
>>>f = open("qinyuanchun. txt","w",encoding="utf- 8")
>>>f. write("""        沁园春·雪
毛泽东
北国风光,千里冰封,万里雪飘。
望长城内外,惟余莽莽;大河上下,顿失滔滔。
山舞银蛇,原驰蜡象,欲与天公试比高。
须晴日,看红装素裹,分外妖娆。
江山如此多娇,引无数英雄竞折腰。
惜秦皇汉武,略输文采;唐宗宋祖,稍逊风骚。
一代天骄,成吉思汗,只识弯弓射大雕。
俱往矣,数风流人物,还看今朝。
""")
>>>f. close()
```

分行输入时，我们可以结合数组的知识，将诗词内容先存入数组，然后通过for循环遍历数组，完成诗词的写入。参考代码如下：

```
#写入古诗
>>>f=open("qinyuanchun. txt","w",encoding="utf- 8")
>>> data=["沁园春·雪","毛泽东","北国风光,千里冰封,万里雪飘。","望长城内外,惟余莽莽;大河上下,顿失滔滔。","山舞银蛇,原驰蜡象,欲与天公试比高。","须晴日,看红装素裹,分外妖娆。","江山如此多娇,引无数英雄竞折腰。","惜秦皇汉武,略输文采;唐宗宋祖,稍逊风骚。","一代天骄,成吉思汗,只识弯弓射大雕。","俱往矣,数风流人物,还看今朝。"]
>>> for temp in data:
>>>     f. write(temp)
>>>f. close()
```

任务2：在读取"qinyuanchun. txt"文件中的古诗内容时，也需要用到循环语句，参考代码如下：

```
>>>f = open("qinyuanchun. txt","r",encoding="utf- 8")
>>>content =f. readlines()
>>>for temp in content:
>>>    print(temp+"\n")
>>>f. close()
```

9.3.3　总结与启示

本案例创建了一个名为 qinyuanchun. txt 的文本文件，并将毛泽东主席的诗词《沁园春·雪》按要求写入该文件。通过编写程序来处理和分析传统诗词，我们不仅提升了自己的编程技能，还参与到传统文化的传承和弘扬。这种结合科技与文化的方式，能够让更多人以更便捷的方式接触和了解中华优秀传统文化。在实际操作过程中，我们将理论学习与实际操作相结合，能够更好地巩固所学知识。本案例通过实际编写代码的方式，让我们在实践中理解和掌握 Python 的文件操作和循环语句的应用。

9.4　本章小结

文件操作是一种基本的输入、输出方式，熟练掌握文件和目录操作是开发 Python 程序的必备技能之一。要想正确处理文件，首先要理解文本文件与二进制文件的区别。按文本文件格式读写文件时，读写的数据为字符串；按二进制文件格式读写文件时，读写的数据为 bytes 字符串。在使用 open( )函数打开文件时，应注意各种打开模式之间的区别。

综合实验

【实验目的】
熟练掌握 Python 文件的写入方法。
【实验内容】
将以下内容写入"D:/temp/test9. txt"：

春晓

作者：孟浩然

春眠不觉晓，

处处闻啼鸟。

夜来风雨声，

花落知多少。

具体操作步骤如下：
（1）在 D 盘建立名为 temp 的文件夹。
（2）在 Windows 操作系统的"开始"菜单中选择"Python 3. 12"→"IDLE"，启动 IDLE 交互环境。

（3）在 IDLE 交互环境中选择 "File"→"New" 命令，打开源代码编辑器。

（4）在 IDLE 编辑器中输入以下代码：

```
data1="春晓\n作者:孟浩然\n春眠不觉晓,\n处处闻啼鸟。\n夜来风雨声,\n花落知
多少。"
data2=["春晓","作者:孟浩然","春眠不觉晓","处处闻啼鸟","夜来风雨声","花落知多少"]
fh=open("D:/temp/test9.txt","w")
fh.write(data1)
fh.close()
fh=open("D:/temp/test9.txt","w")
fh.writelines(data2)
fh.close()
fh=open("D:/temp/test9.txt","a")
fh.write("\n")
fh.write(data2[3]+"\n")          #在原文后面写入"处处闻啼鸟"
fh.write(data2[5]+"\n")          #在原文后面写入"花落知多少"
fh.close()
```

（5）按【Ctrl+S】组合键保存程序文件，将文件名命名为 practice9.py，并将其保存到系统的 D 盘根目录下。

（6）按【F5】键运行程序，在 "D：/temp/" 目录下自动创建了一个 test9.txt 文件，文件内容如图 9-1 所示。

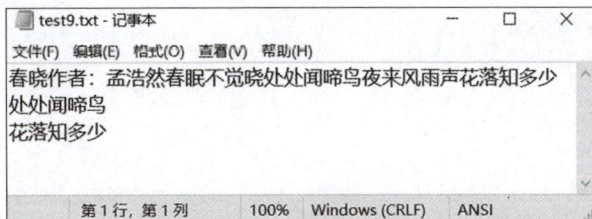

图 9-1　运行结果

【实验总结】

1. 收获

_____

_____

_____

_____

2. 需要改进之处

_____

_____

_____

_____

习　题

一、选择题

1. 在读写文件之前，用于创建文件对象的函数是（　　）。

A. open　　　　　　B. create　　　　　　C. file　　　　　　D. folder

2. 下列关于文件的说法错误的是（　　）。

A. 在使用文件之前必须将其打开

B. 在使用文件之后应将其关闭

C. 读写文本文件和二进制文件时，使用文件对象的方法相同

D. 访问已关闭的文件会自动打开该文件

3. 下列选项中不能从文件读取数据的是（　　）。

A. read( )　　　　　B. readline( )　　　　C. readlines( )　　　D. seek( )

4. 关于语句"f=open('demon.txt','r')"，下列说法不正确的是（　　）。

A. demon.txt 文件必须已经存在

B. 只能从 demon.txt 文件读数据，而不能向该文件写数据

C. 只能向 demon.txt 文件写数据，而不能向该文件读数据

D. "r" 方式是默认的文件打开方式

5. 执行下面的语句后，输出结果是（　　）。

```
file=open(r'D:\temp.txt','w+')
data=['123','abc','456']
file.writelines(data)
file.seek(0)
for row in file:
    print(row)
file.close( )
```

A. 123　　　　　　B. "123"　　　　　C. "123abc456"　　　D. 123abc456

　　abc　　　　　　　"abc"

　　456　　　　　　　"456"

二、编程题

1. 输入一个字符串，将其写入一个文本文件，并将文件命名为 data9.txt。

2. 输入一个字符，统计该字符在文件中出现的次数。

第 10 章
爬　虫

　　谷歌和百度等网络搜索引擎每时每刻都在采集网络上的信息。采集信息所用的程序一般被称为网络爬虫（Web Crawler）或网络蜘蛛（Web Spider）。网络爬虫通常先检索到特定的网页，再抽取所需的信息。目前，网络数据采集已经成为商业决策、推荐系统等的数据来源。

　　过去有较多基于 C、C++和 Java 技术的网络爬虫系统。由于 Python 语言简单易用，且有较多爬虫工具包支持，因此非常适合开发网络爬虫系统。

本章要点

- 了解爬虫工作原理。
- 熟悉爬虫基本功能。
- 熟悉页面解析方法。
- 熟悉爬虫技术的应用。

10.1 爬虫的工作原理

在使用 Python 语言开发网络爬虫之前，必须了解爬虫的工作原理。本节介绍 HTTP 请求和响应的过程，以便读者了解在浏览器中从输入网页 URL 到获取网页内容的过程中，系统究竟发生了什么。

10.1.1 HTTP 请求与响应

HTTP 的全称是 Hyper Text Transfer Protocol，即超文本传输协议。HTTP 用于从网络传输超文本数据到本地浏览器，其能够保证高效而准确地传送超文本文件。除了 HTTP，我们还需要了解 HTTPS。HTTPS 的全称是 Hyper Text Transfer Protocol over Secure Socket Layer，它是以安全为目标的 HTTP 通道，简单而言就是 HTTP 的安全版本。HTTPS 的安全基础是安全套接字层（Secure Socket Layer，SSL），其传输的内容都经过 SSL 加密。目前越来越多的网站向 HTTPS 方向发展。Chrome 浏览器会对未进行 HTTPS 加密的网址进行风险警示，即在地址栏的显著位置提醒用户"此网页不安全"。对于网站用户来说，通常认为采用 HTTPS 的网站较安全。

如图 10-1 所示，在客户端浏览器中输入一个 URL，按【Enter】键后浏览器就会返回页面内容。具体过程：浏览器向网站所在的服务器发送一个请求（Request）；网站服务器接收到这个请求后，对其进行处理和解析，然后服务器返回相应的响应（Response），这个响应被回传给浏览器。响应里包含页面的源代码等内容，浏览器再对其解析，然后在界面上展现。

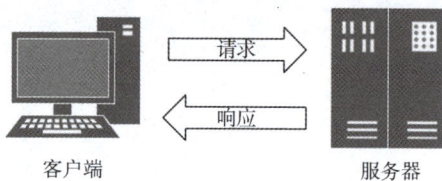

图 10-1　HTTP 的请求与响应

为了更清楚地展现 HTTP 的请求和响应过程，在此采用 Chrome 浏览器的开发者模式进行演示。打开 Chrome 浏览器，右击，在弹出的快捷菜单中选择"检查"项，即可打开浏览器的开发者工具。以访问知乎(http://www.zhihu.com)为例，输入 URL 之后，观察页面发出的 HTTP 请求。在 Network 标签下出现一个个条目，其中一个条目就代表一次发送请求和接受响应的过程，如图 10-2 所示。

我们观察第一个网络请求，即 www.zhihu.com。其中各列所表达的含义如下：

第 1 列（Name）：请求的名称，一般为请求的页面（或其中的链接）的 URL 地址。

第 2 列（Status）：响应的状态码，这里显示为 200，代表响应是正常的。通过状态码就可以判断发送的请求是否收到了响应。

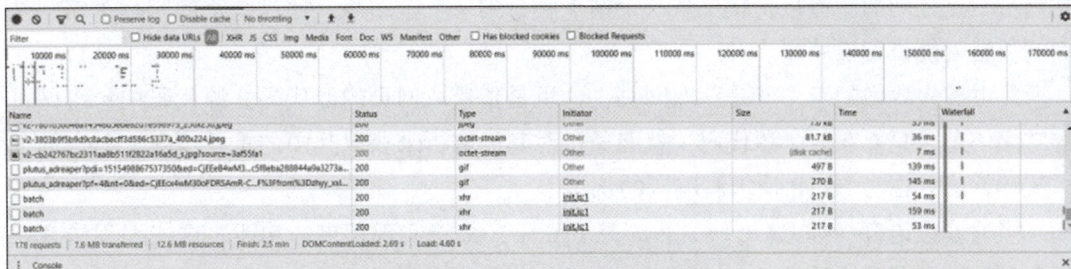

图 10-2　Chrome 浏览器中访问知乎

第 3 列（Type）：请求的文档类型。例如，Document 代表这次请求的是一个 HTML 文档；JPEG、GIF 和 PNG 都表示请求的是图像。

第 4 列（Initiator）：发起请求的源，用来标记请求是哪个对象（或进程）发起的。

第 5 列（Size）：从服务器下载的响应文件大小。其中，disk cache 表示从磁盘缓存中获取，memory cache 表示从内存缓存中获取。

第 6 列（Time）：从发起请求到获取响应所耗费的时间。

第 7 列（Waterfall）：可视化的网络请求瀑布流。

单击第一条记录的时候，可以看到更详细的信息，如图 10-3 所示。

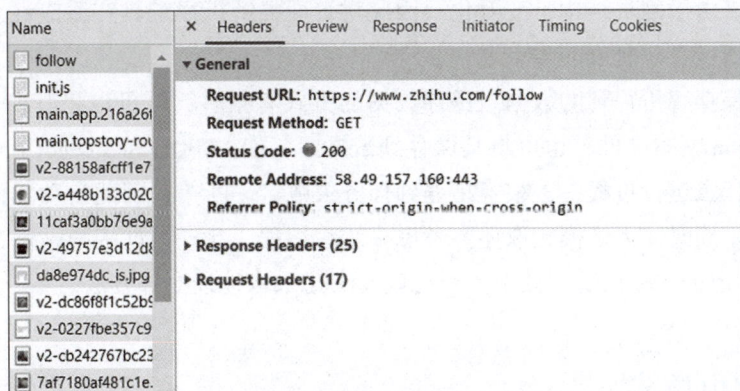

图 10-3　访问过程的详细信息

在 Headers 标签页，第一部分是 General。其中，Request URL 为请求的 URL；Request Method 为请求方法，默认为 Get；Status Code 为响应码；Remote Address 为远程服务器的地址和端口；Referrer Policy 为 Referrer 判别策略。Headers 标签页的第二部分为 Response Headers、第三部分为 Request Headers，分别表明响应报文头和请求报文头。请求报文头里含有许多信息，如浏览器标识、Cookies、Host 等。服务器判断请求是否合法，从而做出响应。浏览器在获取响应后解析响应内容，进而呈现网页内容。

此外，还可以通过 Wireshark 工具进行网页访问的抓包来进一步对 HTTP 加深理解。

10.1.2　爬虫的工作流程

大量的站点构成了一个巨大的网，爬虫通过访问这些站点中的网页来获取信息。通过

219

站点与站点之间的超链接，爬虫从一个站点爬行到下一个站点。通过一定的爬行策略，站点的数据就能被爬虫获取。

爬虫首先要做的工作就是获取网页，这里是指获取网页的源代码。源代码中包含网页的有用信息。只要获取了源代码，就能通过对其的解析来获取其中的重要信息。爬虫的工作流程就建立在对 HTTP 请求和响应的认识上。

多种编程语言（如 C、C++、Java 及 Python）都能实现爬虫的功能。这些编程语言实际上就是模拟了客户端发起 HTTP 请求，以及获取服务器的 HTTP 响应的过程。Python 提供了许多库（如 urllib、requests 等）来实现这个操作，我们能够很方便地使用这些库来实现 HTTP 请求操作，而不用从底层开始做，因此 Python 语言成为爬虫编程的热门语言。

爬虫的主要工作流程如下：

第 1 步，模拟客户端发出 HTTP 请求，获取服务器做出的 HTTP 响应。

第 2 步，获取网页源代码，分析网页源代码，从中提取所需的数据。最通用的方法是采用正则表达式提取，但是构造正则表达式的过程比较复杂且容易出错。另外，由于页面结构具备一定规则，所以还有一些根据页面节点属性采取 DOM 树、CSS 选择器或 Xpath 来提取网页信息的库，如 BeautifulSoup、pyquery、lxml 等。这些 Python 库可以帮助我们快速高效地提取网页信息，如节点属性、文本值等。总的来说，对源代码的解析是爬虫工作流程的一个重点。由于网页结构千变万化，因此对页面的解析很难具有适应性，研究自适应的网页解析方法一直是爬虫的难点之一。

第 3 步，保存解析得到的数据。保存数据的方式有很多，既可以将其简单保存为 .txt 文本文件或 .json 文本文件，也可将其保存到数据库，如 MySQL 和 MongoDB 等。

在实际的爬虫运行过程中，很容易遇到任务失败、中断等，因此自动化任务就成为爬虫开发的重点。同时，大规模爬取还要考虑多线程编程。此外，许多网站设计了反爬取机制，对单一 IP 地址的多次访问截断，对此就要考虑采取地址池等方法。

10.2　爬虫技术

采取 Python 语言编写爬虫的最大优势就是可以利用其功能齐全的类库来完成爬取和解析数据的要求。最基础的 HTTP 库有 urllib、httplib2、requests、treq 等。接下来，介绍 urllib 和 requests 这两个库的使用。

10.2.1　使用 urllib

在 Python 2 中，有 urllib 和 urllib2 这两个库来实现请求的发送。在 Python 3 中，不存在 urllib2 这个库，而是将其统一为 urllib。

urllib 是 Python 内置的 HTTP 请求库，不需要额外安装就可以使用。urllib 包括以下 4 个模块。

- request：HTTP 请求模块，可以用来模拟发送请求。只要按照 HTTP 请求方法向库方法传入 URL 以及相应参数，就可以模拟这个过程。

- error：异常处理模块。对于出现的错误，捕获这些异常，然后进行重试或其他操作，以保证程序不意外终止。
- parse：URL 解析模块，提供许多 URL 处理方法，如拆分、解析、合并等。
- robotparse：robots. txt 解析模块，用来识别网站的 robots. txt 文件，然后判断哪些网站可以爬取，哪些网站不可以爬取。

使用 urllib 的 request 模块，可以方便地实现请求的发送并得到响应。

1. urlopen( )

urllib. request 模块提供了最基本的构造 HTTP 请求的方法，利用它可以模拟浏览器的一个请求发起过程。该模块中的 urlopen( ) 方法可用于打开 URL。在下面的例子中，首先通过 urlopen( ) 方法打开 Python 官网 URL，然后用 read( ) 函数获取该网页的 HTML 源代码。

【例 10-1】

```
import urllib. request as rst
rsp = rst. urlopen('https://www. python. org/' )
print(rsp. read( ))
```

运行结果如图 10-4 所示。

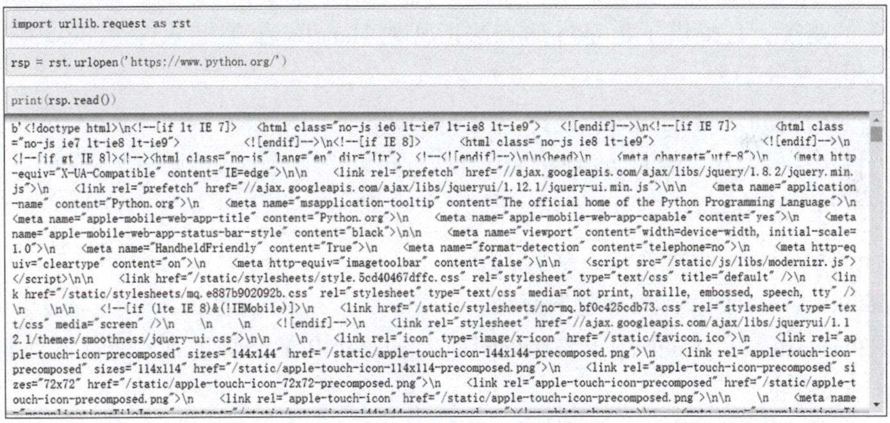

```
import urllib.request as rst

rsp = rst.urlopen('https://www.python.org/')

print(rsp.read())

b'<!doctype html>\n<!--[if lt IE 7]>   <html class="no-js ie6 lt-ie7 lt-ie8 lt-ie9">   <![endif]-->\n<!--[if IE 7]>      <html class
="no-js ie7 lt-ie8 lt-ie9">          <![endif]-->\n<!--[if IE 8]>      <html class="no-js ie8 lt-ie9">                 <![endif]-->\n
<!--[if gt IE 8]><!--><html class="no-js" lang="en" dir="ltr">  <!--<![endif]-->\n\n<head>\n    <meta charset="utf-8">\n    <meta http
-equiv="X-UA-Compatible" content="IE=edge">\n\n    <link rel="prefetch" href="//ajax.googleapis.com/ajax/libs/jquery/1.8.2/jquery.min.
js">\n    <link rel="prefetch" href="//ajax.googleapis.com/ajax/libs/jqueryui/1.12.1/jquery-ui.min.js">\n\n    <meta name="application
-name" content="Python.org">\n    <meta name="msapplication-tooltip" content="The official home of the Python Programming Language">\n
<meta name="apple-mobile-web-app-title" content="Python.org">\n    <meta name="apple-mobile-web-app-capable" content="yes">\n    <meta
name="apple-mobile-web-app-status-bar-style" content="black">\n\n    <meta name="viewport" content="width=device-width, initial-scale=
1.0">\n    <meta name="HandheldFriendly" content="True">\n    <meta name="format-detection" content="telephone=no">\n    <meta http-eq
uiv="cleartype" content="on">\n    <meta http-equiv="imagetoolbar" content="false">\n\n    <script src="/static/js/libs/modernizr.js">
</script>\n\n    <link href="/static/stylesheets/style.5cd40467dffc.css" rel="stylesheet" type="text/css" title="default" />\n    <lin
k href="/static/stylesheets/mq.e887b902092b.css" rel="stylesheet" type="text/css" media="not print, braille, embossed, speech, tty" />
\n    \n\n    <!--[if (lte IE 8)&(!IEMobile)]>\n    <link href="/static/stylesheets/no-mq.bf0c425cdb73.css" rel="stylesheet" type="tex
t/css" media="screen" />\n    \n    \n    <![endif]-->\n    <link rel="stylesheet" href="//ajax.googleapis.com/ajax/libs/jqueryui/1.1
2.1/themes/smoothness/jquery-ui.css">\n\n    \n    <link rel="icon" type="image/x-icon" href="/static/favicon.ico">\n    <link rel="ap
ple-touch-icon-precomposed" sizes="144x144" href="/static/apple-touch-icon-144x144-precomposed.png">\n    <link rel="apple-touch-icon-
precomposed" sizes="114x114" href="/static/apple-touch-icon-114x114-precomposed.png">\n    <link rel="apple-touch-icon-precomposed" si
zes="72x72" href="/static/apple-touch-icon-72x72-precomposed.png">\n    <link rel="apple-touch-icon-precomposed" href="/static/apple-t
ouch-icon-precomposed.png">\n    <link rel="apple-touch-icon" href="/static/apple-touch-icon-precomposed.png">\n\n    \n    <meta name
```

图 10-4　读取源代码的运行结果

在图 10-4 所示的例子中，使用两行代码完成了对 Python 官网的抓取，输出了网页源代码。还可以考虑从中提取相应的链接、图片地址、文本信息，以及查看返回的结果类型。利用 type( ) 方法，可以输出响应的类型。示例如下：

```
print(type(rsp))
```

得到返回结果：

```
<class 'http. client. HTTPResponse'>
```

可以看到，返回的结果是一个 HTTPResponse 类型的对象。然后，将其复制为 response 变量，就可以调用这些方法和属性，得到返回结果的信息。例如，在上面的例子中，调用 read()方法可以得到返回的网页内容，调用 status 属性可以得到返回结果的状态码，如 200 代表请求成功、404 代表网页未找到。其示例如图 10-5 所示。

```
import urllib.request as rst
rsp = rst.urlopen('https://www.python.org/')
print(rsp.status)
print(rsp.getheaders())
print(rsp.getheader('Server'))

200
[('Connection', 'close'), ('Content-Length', '49907'), ('Server', 'nginx'), ('Content-Type', 'text/html; charset=utf-8'), ('X-Frame-Opti
ons', 'DENY'), ('Via', '1.1 vegur, 1.1 varnish, 1.1 varnish'), ('Accept-Ranges', 'bytes'), ('Date', 'Wed, 28 Apr 2021 14:16:45 GMT'),
('Age', '1613'), ('X-Served-By', 'cache-bwi5127-BWI, cache-tyo11932-TYO'), ('X-Cache', 'HIT, HIT'), ('X-Cache-Hits', '1, 854'), ('X-Time
r', 'S1619619406.921962,VS0,VE0'), ('Vary', 'Cookie'), ('Strict-Transport-Security', 'max-age=63072000; includeSubDomains')]
nginx
```

图 10-5　HTTP 响应的性质

从图 10-5 可以看出，第一个输出是响应的状态码 200，表示正确的响应；第二个输出是响应的头信息，它是一个 Python 列表，其中每一个元素由一个属性和属性值组成；第三个输出是捕获的响应头中的 Server 值，表示服务端采用的是 nginx 服务器。

urlopen()方法能够实现对网页最简单的 GET 请求抓取，读者要想了解更多参数，请参考 Python 官方文档（https://docs.python.org/）的详细解释。

以上介绍了用 urlopen()方法构造简单的请求，但是对一些高级操作（如代理设置、Cookie 处理），还需要用到 Handler 类。urllib.request 模块中的 BaseHandler 类是所有 Handler 类的基类，它提供了最基本的方法；其他 Handler 子类继承这个 BaseHandler 类。以下是一些主要的子类：

- HTTPDefaultErrorHandler：处理 HTTP 响应错误。
- HTTPRedirectHandler：处理重定向。
- HTTPCookieProcessor：处理 Cookie。
- ProxyHandler：设置代理，默认为空。
- HTTPPasswordMgr：用于管理密码。
- HTTPBasicAuthHandler：用于管理认证，如果打开某个链接时需要认证，那么可以用它帮助解决认证。

接下来，通过实例来介绍如何使用 Handler 类完成用户名和密码的验证。如图 10-6 所示为一个需要通过验证才能登录的网页。

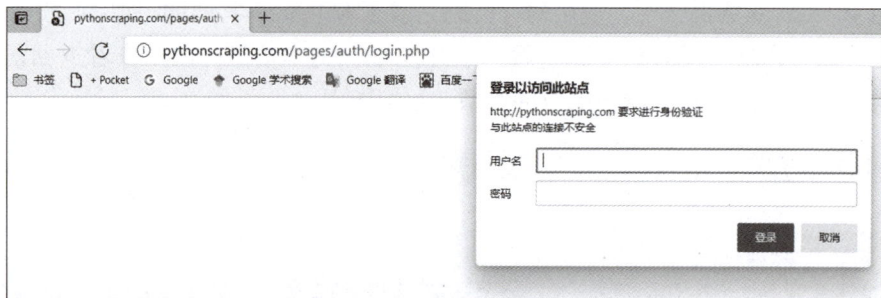

图 10-6　需要通过验证才能登录的网页

如何抓取这个网页呢？可以利用 HTTPBasicAuthHandler 来完成，相关代码如下：

【例 10-2】

```
from urllib. request import HTTPPasswordMgrWithDefaultRealm, HTTPBasicAuthHandler,
build_opener
from urllib. error import URLError

username = 'pengqingxi'
password = 'pqx123'
url = 'http://pythonscraping. com/pages/auth/login. php'

p =HTTPPasswordMgrWithDefaultRealm( )
p. add_password(None, url, username, password)
auth_handler = HTTPBasicAuthHandler(p)
opener = build_opener(auth_handler)

try:
    result = opener. open(url)
    html = result. read(). decode('utf- 8')
    print(html)
except URLError as e:
    print(e. reason)
```

在该代码中，首先，实例化 HTTPBasicAuthHandler 对象，利用 add_password( )添加用户名和密码，建立一个处理验证的 Handler，即 auth_handler；接下来，利用这个 Handler 并使用 build_opener( )方法建立一个 opener；然后，用 opener 的 open( )方法打开链接，就完成验证，获取通过验证的网页。

2. 使用代理

爬取网页源代码，也可以使用代理。

【例 10-3】

```
from urllib. error import URLError
from urllib. request import ProxyHandler, build_opener

proxy_handler = ProxyHandler({
    'http':'http://127. 0. 0. 1:54275',
    'https':'https://127. 0. 0. 1:54275'
})
opener = build_opener(proxy_handler)
try:
```

```
        response = opener. open('https://www. python. org/')
        print(response. read(). decode('utf- 8'))
except URLError as e:
        print(e. reason)
```

上述代码在本地搭建一个代理，运行在 54275 端口上，爬取网页源代码，如图 10-7 所示。

```
<!doctype html>
<!--[if lt IE 7]>     <html class="no-js ie6 lt-ie7 lt-ie8 lt-ie9">    <![endif]-->
<!--[if IE 7]>        <html class="no-js ie7 lt-ie8 lt-ie9">            <![endif]-->
<!--[if IE 8]>        <html class="no-js ie8 lt-ie9">                   <![endif]-->
<!--[if gt IE 8]><!--><html class="no-js" lang="en" dir="ltr">  <!--<![endif]-->

<head>
    <meta charset="utf-8">
    <meta http-equiv="X-UA-Compatible" content="IE=edge">

    <link rel="prefetch" href="//ajax.googleapis.com/ajax/libs/jquery/1.8.2/jquery.min.js">
    <link rel="prefetch" href="//ajax.googleapis.com/ajax/libs/jqueryui/1.12.1/jquery-ui.min.js">
```

图 10-7　使用代理爬取网页源代码

爬虫工作时可能遇到网络等问题而导致异常。如果对这些异常不及时处理，就会导致程序报错而终止运行。urllib 的 error 模块定义了由 request 模块产生的异常。如果爬虫异常，request 模块就会抛出 error 模块中的异常。这些关于异常处理的类包括：

- URLError：error 异常模块的父类。它的属性 reason 返回错误原因。
- HTTPError：处理 HTTP 请求错误的子类。它有三个属性，分别是 code（用来返回 HTTP 状态码）、reason（返回错误原因）、headers（返回请求头）。

下面通过一个例子观察异常处理。

【例 10-4】

```
#处理异常
from urllib import request, error
try:
        response = request. urlopen('http://1000. com/index1. shtml')
except error. URLError as e:
        print(e. reason)
```

这段程序打开一个不存在的页面，程序会报错，但由于捕获了 URLError 这个异常，因此异常得到了有效处理。运行结果如图 10-8 所示。

```
#处理异常
from urllib import request, error
try:
        response = request.urlopen('http://1000.com/index1.shtml')
except error.URLError as e:
        print(e.reason)

Not Found
```

图 10-8　异常处理

3. 分析 Robots 协议

利用 urllib 的 robotparser 模块，我们可以实现网站 Robots 协议分析。Robots 协议又称爬虫协议、机器人协议，其全称为网络爬虫排除标准（Robots Exclusion Protocol），用来告诉爬虫和搜索引擎本网站的哪些页面可以爬取，哪些页面不可以爬取。通常，网站会有一个 robots.txt 文件放在网站根目录下。当爬虫爬取一个网站时，先检查根目录下是否存在 robots.txt 文件。如果存在，则根据其中定义的爬取范围进行工作；否则，爬虫就会访问所有可以直接访问的页面。下面是一个网站的 robots.txt 样例：

```
User-agent: *
Disallow: /bin/
Allow: /public/
```

该代码实现了只允许爬虫爬取 public 目录的功能。一般可以在特定网站选择功能，生成 robots.txt 文件，放在根目录，和 index.html 等文件放在一起。Disallow 指定了不允许抓取的目录，比如上例子中设置为 /bin/，则代表 bin 目录下文件不允许被抓取。Allow 通常和 Disallow 一起使用，一般不会单独使用，用来排除某些限制。表 10-1 列出了常见的搜索爬虫名称及对应网站。

表 10-1　常用搜索引擎爬虫

爬虫名称	搜索引擎公司	网站
BaiduSpider	百度	www.baidu.com
Googlebot	谷歌	www.google.com
360Spider	360 搜索	www.so.com
YodaoBot	有道	www.youdao.com
ia_archiver	Alexa	www.alexa.cn
Scooter	AltaVista	www.altavista.com

了解 Robots 协议之后，我们就可以使用 robotparser 模块来解析 robots.txt 了。该模块提供了一个类 RobotFileParser，它可以根据某网站的 robots.txt 文件来判断一个爬虫是否有权限来爬取这个网页。该类用起来非常简单，只需要在构造方法里传入 robots.txt 的链接即可。

首先看一下它的声明：

```
urllib.robotparser.RobotFileParser(url='')
```

说明：也可以在声明时不传入，默认为空，最后使用 set_url() 方法进行设置。

RobotFileParser 类的常见方法如下：

set_url()：用来设置 robots.txt 文件的链接。如果在创建 RobotFileParser 对象时传入了链接，那么就不需要再使用这个方法设置了。

read()：读取 robots.txt 文件并进行分析。注意，这个方法执行一个读取和分析操作，如果不调用这个方法，接下来的判断都会为 False，所以一定记得调用这个方法。这个方法不会返回任何内容，但是执行了读取操作。

parse()：用来解析 robots. txt 文件，传入的参数是 robots. txt 某些行的内容，它会按照 robots. txt 的语法规则来分析这些内容。

can_fetch()：该方法传入两个参数，第一个是 User-agent，第二个是要抓取的 URL。返回的内容是该搜索引擎是否可以抓取这个 URL，返回结果是 True 或 False。

mtime()：返回的是上次抓取和分析 robots. txt 的时间，这对于长时间分析和抓取的搜索爬虫是很有必要的，因为我们可能需要定期检查来抓取最新的 robots. txt。

modified()：将当前时间设置为上次抓取和分析 robots. txt 的时间，对长时间分析和抓取的搜索爬虫很有帮助。

下面通过一个例子，来介绍类 RobotFileParser 使用方法。

【例 10-5】

```
from urllib. robotparser import RobotFileParser
#创建 RobotFileParser 对象
rp = RobotFileParser()
#然后通过 set_url()方法设置 robots. txt 的链接
rp. set_url(' http://www. jianshu. com/robots. txt' )
rp. read()
#can_fetch()方法判断了网页是否可以被抓取。
print(rp. can_fetch(' * ', ' http://www. jianshu. com/p/b67554025d7d' ))
print(rp. can_fetch(' * ', "http://www. jianshu. com/search? q = python&page = 1&type = collections"))
```

运行结果如图 10-9 所示，两个"False"表示网页均不可以被抓取。

图 10-9　判断是否可以被抓取

10.2.2　使用 requests

10.2.1 节介绍了 urllib 的基本用法，但是其使用并不方便。例如，在验证网页时，需要写 opener 和 Handler 来处理。本节将介绍功能更为强大的库 requests，使用它能方便地进行各种爬虫操作。

【例 10-6】

```
#使用 requests 模块发起 get 请求
import requests
r =requests. get('http://httpbin. org/get')
print(r. text)
```

运行结果如图 10-10 所示。可见，返回结果获取了请求头、URL、IP 等信息。

```
{
  "args": {},
  "headers": {
    "Accept": "*/*",
    "Accept-Encoding": "gzip, deflate",
    "Host": "httpbin.org",
    "User-Agent": "python-requests/2.22.0",
    "X-Amzn-Trace-Id": "Root=1-608a5730-644c87e271c6be637e504ee2"
  },
  "origin": "113.57.222.97",
  "url": "http://httpbin.org/get"
}
```

图 10-10　使用 requests 发起 get 请求

如果需要在 get 请求中附加额外的参数信息，则可以使用 params 参数。

【例 10-7】

```
#使用 request 模块发起带参数的 get 请求
import requests
data = {
    'name':'pengqingxi',
    'password':'pqx123'
}
r = requests. get('http://httpbin. org/get', params=data)
print(r. text)
```

运行结果如图 10-11 所示。从运行结果的 url 参数可知，get 请求的链接被自动构造成我们所需的字符串。

```
{
  "args": {
    "name": "pengqingxi",
    "password": "pqx123"
  },
  "headers": {
    "Accept": "*/*",
    "Accept-Encoding": "gzip, deflate",
    "Host": "httpbin.org",
    "User-Agent": "python-requests/2.22.0",
    "X-Amzn-Trace-Id": "Root=1-608a64a0-4ce541b563cfb30f399397c3"
  },
  "origin": "113.57.222.97",
  "url": "http://httpbin.org/get?name=pengqingxi&password=pqx123"
}
```

图 10-11　使用 requests 发起带参数的 get 请求

接下来，介绍二进制数据的抓取。图像、音频和视频都是二进制数据，由于其特定的保存格式和对应的解析方式，抓取时都要获取它们的二进制码。以抓取百度网站的图标为例，假定百度首页的图像名称为 baidu. png，我们用以下代码抓取这幅图像，并保存到程序所处的目录。

【例 10-8】

```
#使用 requests 抓取图像并保存至本地
import requests
r = requests. get('https://www. baidu. com/img/baidu. png')
```

```
with open(baidu. png', 'wb') as f:
    f. write(r. content)
```

除了采用 get 请求获取网页源代码外，很多时候请求网页时还需要使用 post 请求。在例 10-7 中使用 get 带参数发起请求，这个例子也可以采用 post 方法实现。

【例 10-9】

```
#post 方法带参数发起请求
import requests
data = {'name':'penqingxi','password':'pqx123'}
r =requests. post('http://httpbin. org/post', data=data)
print(r. text)
```

运行结果如图 10-12 所示，返回结果中的 form 就是提交的数据，证明 post 请求成功。

```
{
    "args": {},
    "data": "",
    "files": {},
    "form": {
        "name": "penqingxi",
        "password": "pqx123"
    },
    "headers": {
        "Accept": "*/*",
        "Accept-Encoding": "gzip, deflate",
        "Content-Length": "30",
        "Content-Type": "application/x-www-form-urlencoded",
        "Host": "httpbin. org",
        "User-Agent": "python-requests/2. 22. 0",
        "X-Amzn-Trace-Id": "Root=1-608a6d65-7bc642393639fa202f517f58"
    },
    "json": null,
    "origin": "113. 57. 222. 97",
    "url": "http://httpbin. org/post"
}
```

图 10-12　使用 post 方法发起带参数的请求

使用 requests 还能实现文件上传。

【例 10-10】

```
#post 方法实现文件上传
import requests

files = {'file':open('baidu. png', 'rb')}
r =requests. post('http://httpbin. org/post',files=files)
print(r. text)
```

运行结果如图 10-13 所示，从当前文件夹上传 baidu.png 图像到相应的网站。可以看到，file 这一项是二进制编码，表示上传了一个二进制文件。

```
{
  "args": {},
  "data": "",
  "files": {
    "file": "data:application/octet-stream;base64,iVBORw0KGgoAAAANSUhEUgAAAhwAAAECCAYAAC1yg4KAAAAAXNSR0IArs4c6QAAAER1WE1mTUOAKgAAAgA
AYdpAAQAAAABAAAAGaAAAAAA6BAAMAAAABAAEAAKACAAQAAABAAACHKADAAQAAAABAAABAgAAAB15WVnAAA7vk1EQVR4Ae2dCZwU1bWH763qZVYWmRmW2RBEFA8MmzYCIKO
5R4xoxMZq4JJpoNCbRx02nEn2a15jV97KoUd9zSwRNoiHuCzEgI0gwrIDbQ6d7GjJYYBBmaY2Y6em16r5T1DBbbd9fW3f3Vd9/9Jmuuqqee+653+2qOnWXUxhwxAvEQQEQAAEQAEQAAEQAEQAEQ
AAEQAAEQAAEQAEQAAEQAAEQAAEQAAEQAAEQAAEQAAEQAAEQAAEQAAEQAAEQAAEQAAEQAAEQAAEQAAEQAAEQAAEQAAEQAAEQ
EQAAEQAAEQAAEQAAEQAAEQAAEQAAEQAAEQAAEQAAEQAAEQAAEQAAEQAAEQAAEQAAEQAAEQAAEQAAEQAAEQAAEQAAEQAAEQ
AAEQAAEQAAEQAAEQAAEQAAEQAAEQAAEQAAEQAAEQAAEQAAEQAAEQAAEQAAEQAAEQAAEQAAEQAAEQAAEQAAEQAAEQAAEQAAEQ
EQAAEQAAEQAAEQAAEQAAEQAAEQAAEQAAEQAAEQAAEQAAEQAAEQAAEQAAEQAAEQAAEQAAEQAAEQAAEQAAEQAAEQAAEQAAEQ
AAEQAAEQAAEQAAEQAAEQAAEQAAEQAAEQAAEQAAEQAAEQAAEQAAEQAAEQAAEQAAEQAAEQAAEQAAEQAAEQAAEQAAEQAAEQAAEQ
EQAAEQAAEQAAEQAAEQAAEQAAEQAAEQAAEQAAEQAAEQAAEQAAEQAAEQAAEQAAEQAAEQAAEQAAEQAAEQAAEQAAEQAAEQAAEQAAEQ
```

图 10-13　使用 post 方法实现文件上传

requests 还能实现爬虫的各种高级功能，如 Cookie 获取、会话维持、SSL 证书验证、代理设置、超时设置、身份验证等。

10.3　页面解析

爬虫使用 urllib 或 requests 等模块发起 HTTP 请求，获取网页源代码，本节介绍两种目前主流的网页解析方法——正则表达式、BeautifulSoup。

10.3.1　正则表达式

正则表达式经常被认为是一堆随即符号的混合物，看着毫无意义。这种印象让人对其避而远之，然后费尽心思写一堆没必要又复杂的查找和过滤函数，其实只需要一行正则表达式。

正则表达式可以识别正则字符串（regular string）。它的含义是"如果你给我的字符串符合规则，我就返回它"。正则表达式的一个经典应用就是识别邮箱地址，如表 10-2 所示。

表 10-2　识别邮箱地址的正则表达式

规则	正则表达式
邮箱地址的第一部分至少包括一种内容：大写字母、小写字母、数字 0~9、点（.）、加号（+）或下划线（_）	［A-Za-z0-9\._ +］+：A-Z 表示"任意 A~Z 的大写字母"；把可能的序列和符号放到中括号中表示"括号中的符号任意一个"；后面的"+"号表示"这些符号都可以出现多次，且至少出现 1 次"
邮箱地址会包含一个@符号	@：@符号只能出现在邮箱地址的中间位置，且仅出现一次
在符号@之后，邮箱地址还必须至少包含一个大写字母（或小写字母）	［A-Za-z］+：表示可能只在域名前半部分、符号@后面用字母，而且至少一个字母
之后跟一个点号（.）	\.：在域名前必须有一个点号（.）
邮箱地址用 com、org、edu、net 结尾	（com｜org｜edu｜net）：这样列出了邮箱地址中可能出现在点号后的字母序列

229

将上述的规则连接起来，得到完整的正则表达式如下：

[A‐Za‐z0‐9\._+]+@[A‐Za‐z]+\.(com|org|edu|net)

对于一般的读者来说，编写正则表达式有一定的难度。人们可以借助一些工具来生成正则表达式。例如，https://tool.oschina.net/regex#就能生成正则表达式，我们在网页输入文本，然后选用规则，就能生成正则表达式。如图 10-14 所示，生成 url 的正则表达式。可以看到，url 的正则表达式为 [a-zA-z]+://[^\s]* 。

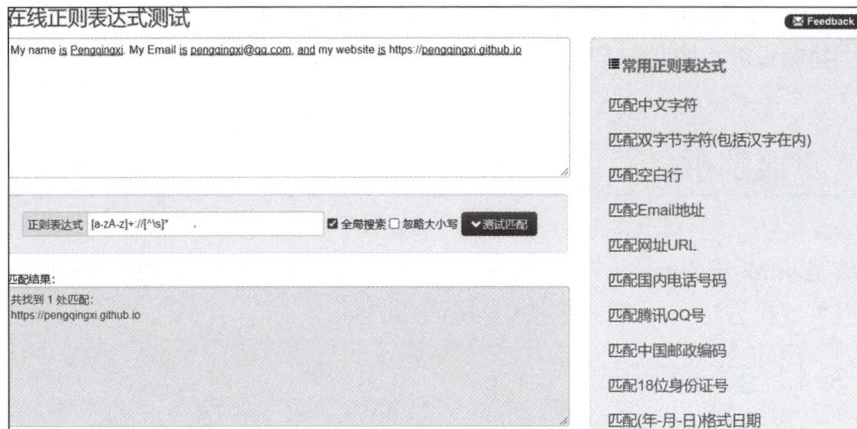

图 10-14　生成 url 的正则表达式

正则表达式不是 Python 独有的，它也可以用在其他编程语言中。但是 Python 的 re 库提供了整个正则表达式的实现，我们利用这个库可以相对方便地写正则表达式。re 库提供了一些方法：

- match( )：匹配正则表达式。
- search( )：从字符串开头匹配，一旦开头不匹配就失败。
- findall( )：获取匹配正则表达式的所有内容。
- compile( )：将正则字符串编译成正则表达式对象。

具体用法请查阅 Python 文档 re 库。接下来用一个例子演示 match( ) 的作用。

【例 10-11】

```
#用 match()进行匹配
import re

content = 'Wuhan 10 million_Demographic'
print(len(content))
result = re.match('^Wuhan\s\d\d\s\w{10}',content)
print(result)
print(result.group( ))
print(result.span( ))
```

运行结果如图 10-15 所示。代码中，开头的^是匹配字符串的开头，也就是 Wuhan 为开头；\s 匹配空格；\d 匹配数字，代码中的 2 个\d 匹配 10；再用\s 匹配一个空格；w{10}匹配 10 个字母以及下划线。

```
28
<re.Match object; span=(0, 19), match='Wuhan 10 million_De'>
Wuhan 10 million_De
(0, 19)
```

图 10-15　用 match( )进行匹配

10.3.2　BeautifulSoup

虽然正则表达式的功能强大，但编写正则表达式时很容易写错，并且较难发现问题出在哪里。接下来，来介绍一个强大的网页解析工具——BeautifulSoup，它借助网页结构、属性等特性来解析网页。使用 BeautifulSoup，我们就无须编写复杂的正则表达式，只需要简单几条语句，就可以完成页面中某个元素的提取。

BeautifulSoup 提供一些简单的、Python 式的函数来处理导航、搜索、修改分析树等功能。BeautifulSoup 自动将输入文档转换为 Unicode 编码，将输出文档转换为 UTF-8 编码。BeautifulSoup 在解析时依赖解析器，除了支持 Python 标准库中的 HTML 解析器外，它还支持一些第三方解析器（一般采用 lxml 解析器，它的解析速度快、容错能力强）。下面举一个简单的例子说明 BeautifulSoup 的优势。假定现在有一个简单网页的列表并不规范，存在属性值两侧引号缺失和标签未闭合的问题。代码如下：

```
<ul class = country>
    <li>Area
    <li>Population
</ul>
```

由于 html 有一定的容错能力，因此抓取这样的 html 源代码后无法对其正确处理。BeautifulSoup 能够正确解析缺失的引号并闭合标签。运行结果如图 10-16 所示。

```
#BeautifulSoup将错误的html改正
from bs4 import BeautifulSoup
broken_html = '<ul class=country><li>Area<li>Population</ul>'
# parse the HTML
soup = BeautifulSoup(broken_html,'html.parser')
fixed_html = soup.prettify()
print(fixed_html)
```
```
<ul class="country">
 <li>
  Area
  <li>
   Population
  </li>
 </li>
</ul>
```

图 10-16　用 BeautifulSoup 将错误的 html 改正

10.4 案例：遵守爬取规则

10.4.1 案例任务

网络爬虫技术作为新技术领域的典型代表，是网络空间中获取数据资源的重要方式，其在收集、分类、整理海量网络信息中具有较高的实用价值。在爬取数据时，我们应遵守相关法律法规和网站的爬取规则，不能恶意爬取数据。

2021年9月，吴先生在网上购买了一款软件，使用后发现该软件可以"爬取"自己公司后台数据和直播间用户的相关信息，随即报警。经侦查，公安机关发现售卖该软件的某信息咨询公司老板丁某及销售人员有重大作案嫌疑。经查，2021年，丁某从丁某某（另案处理）处以9 800元购进该软件成为代理商，利用该软件可以入侵某些短视频平台的服务器，通过关键词搜索可以快速抓取平台信息，主要包括用户名、UID、签名及评论等，再通过软件把UID转换成二维码，来精准定位客户。丁某对该软件进行了重新包装，"改头换面"后对外销售。

网站对网络爬虫的限制有：

（1）来源审查：通过判断User-Agent进行限制。

检查来访HTTP协议头的User-Agent域，只响应浏览器或友好爬虫的访问。

（2）发布公告：即Robots协议。

将网站的爬取规则告知所有爬虫，要求爬虫遵守，在网站根目录下存放有网络爬虫排除标准Robots协议，用来告知网络爬虫哪些页面可以抓取，哪些不允许。具体参考10.2.1节。

如图10-17所示，查看知乎网的Robots协议（截取部分）。

```
User-agent: Baiduspider-news
Disallow: /appview/
Disallow: /login
Disallow: /logout
Disallow: /resetpassword
Disallow: /terms
Disallow: /search
Allow: /search-special
Disallow: /notifications
Disallow: /settings
Disallow: /inbox
Disallow: /admin_inbox
Disallow: /*?guide*

User-agent: Baiduspider
Disallow: /appview/
Disallow: /login
Disallow: /logout
Disallow: /resetpassword
Disallow: /terms
Disallow: /search
Allow: /search-special
Disallow: /notifications
Disallow: /settings
Disallow: /inbox
Disallow: /admin_inbox
Disallow: /*?guide*

User-Agent: *
Disallow: /
```

图10-17 知乎网的Robots协议（截取部分）

任务： 使用urllib库robotparser模块解析知乎网的Robots协议，判断以下页面是否可以被爬取（参考例 10-5），如果允许爬取，就爬取页面全文，并保存为 HTML 网页文件，在浏览器中打开该网页文件，显示页面效果。

（1）https://www. zhihu. com/search？type＝content&q＝python

（2）https://www. zhihu. com/question/264161961/answer/278828570

10. 4. 2 案例分析和实现

1. 案例分析

参考例 10-5 的代码逻辑，将网址替换成对应页面，并在 can_fetch（useragent，url）函数的第一个参数 useragent 中，添加默认 * 号或者蜘蛛，判断页面是否可以被抓取。

如果网页可以被抓取，就使用传统爬虫框架（如 requests、beautifulsoup 等）进行爬取和保存；如果保存网页效果不好，则采用 Python 提供的模拟浏览器运行的库（如 Selenium 等）爬取动态渲染页面，实现所见即所爬。

2. 案例实现

实现代码如下：

```
from urllib. robotparser import RobotFileParser
#创建 RobotFileParser 对象
rp = RobotFileParser()
#然后通过 set_url()方法设置 robots. txt 的链接
rp. set_url(' https://www. zhihu. com/robots. txt' )
rp. read()


#can_fetch()方法判断网页是否可以被抓取
#判断 1. https://www. zhihu. com/search？type＝content&q＝python 网页
print(rp. can_fetch(' *', ' https://www. zhihu. com/search？type＝content&q＝python' ))
#设置百度新闻蜘蛛
print(rp. can_fetch(' Baiduspider- news', ' https://www. zhihu. com/search？type＝content&q＝
python' ))


#判断 2. https://www. zhihu. com/question/264161961/answer/278828570 网页
print(rp. can_fetch(' *', "https://www. zhihu. com/question/264161961/answer/278828570"))
#设置百度新闻蜘蛛
print(rp. can_ fetch (' Baiduspider- news', ' https://www. zhihu. com/question/264161961/
answer/278828570' ))
```

运行结果如图 10-18 所示，False 表示网页不可以被抓取，True 表示网页可以被抓取。

```
C:\spider>python RobotFileParserDemo.py
False
False
False
True
```

图 10-18　网页是否允许被抓取

233

接下来，爬取网页 2（https://www.zhihu.com/question/264161961/answer/278828570）的数据。代码如下：

```
response = requests.get(' https://www.zhihu.com/question/264161961/answer/278828570' )
#通过检查网页,该网页 charset="utf-8",因此在 requests 中设置编码为 utf-8
response.encoding = ' utf-8'
if response.status_code == 200:
    print(response.content)
    #将网页内容写入 html 文件
    with open(' zhihu.html' ,' wb' ) as f:
        f.write(response.content)        #将爬取到的数据存储为 zhihu.html 网页文件
        print(' 网页已保存为 zhihu.html' )
else:
    print(' 网页获取失败,状态码:', response.status_code)
```

运行代码后，控制台会输出以下结果，如图 10-19 所示，发现很多 JavaScript 内容是乱码。

图 10-19　控制台输出 HTML 网页文件内容

保存的 zhihu.html 文件，浏览器打开后显示为空白，HTML 网页文件也无法显示，如图 10-20 所示。

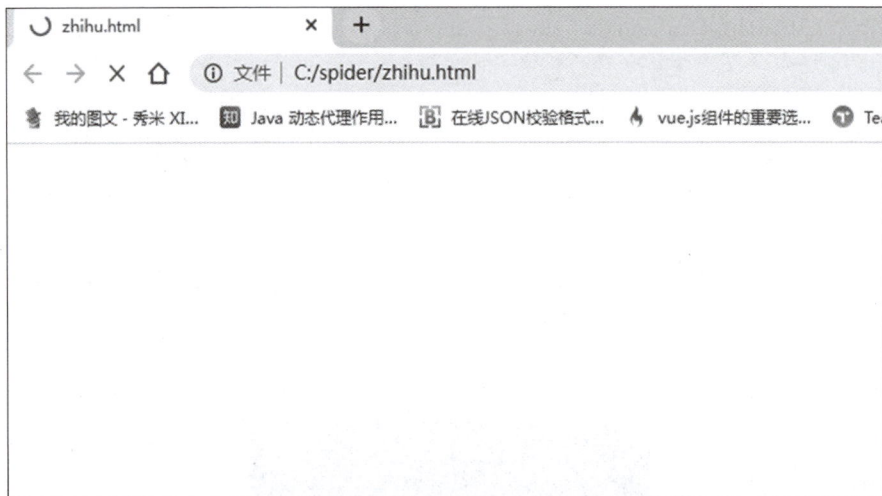

图 10-20　浏览器打开 zhihu.html 文件效果

234

经过对网页 2（https：//www. zhihu. com/question/264161961/answer/278828570）的分析可发现，该网页不是简单的 HTML 静态网页（如百度首页 https：//www. baidu. com/），而是使用 JavaScript 进行动态渲染，这意味着使用传统爬虫框架（如 requests、beautifulsoup 等）无法直接获取到页面内容。此种情况需要采用 Python 提供的模拟浏览器运行的库（如 Selenium 等）爬取动态渲染页面，实现所见即所爬。

Selenium 是一个用于自动化测试的工具，可以模拟浏览器的行为来执行各种操作。在爬虫中，我们可以使用 Selenium 对网页进行模拟操作，以便获取动态渲染的页面内容。

对于 Selenium，我们可以使用 pip 命令来安装：

```
pip install selenium
```

同时，为了使用 Selenium 进行模拟浏览器操作，还需要安装浏览器驱动，在此以 Chrome 浏览器为例。首先，下载 Chrome 浏览器对应版本的 ChromeDriver 驱动（具体下载地址见 https：//chromedriver. storage. googleapis. com/index. html）；然后，将 chromedriver.exe 文件保存到某个目录下面（记住此存放路径，在以下代码中会需要）。实现代码如下：

```
from selenium import webdriver
from selenium. webdriver. chrome. service import Service
#初始化 webdriver 对象
from selenium. webdriver. chrome. options import Options

#配置 Chrome 选项以模拟爬虫
chrome_options = Options()
chrome_options. add_argument("- - headless")            #无界面模式
chrome_options. add_argument("- - disable- gpu")         #禁用 GPU
chrome_options. add_argument("- - user- agent=Mizilla/5. 0")    #设置用户代理

service = Service(' C:\\spider\\chromedriver_win32\\chromedriver. exe' )
                    #下载的 chromedriver. exe 文件,在 Windows 操作系统中保存路径
driver =webdriver. Chrome(service=service,options=chrome_options)

#打开网页
driver. get("https://www. zhihu. com/question/264161961/answer/278828570")

#获取网页的 HTML 内容
html_content = driver. page_source

#打印 HTML 内容
print(html_content)

#保存到文件
with open(' zhihu. html' , ' w' , encoding =' utf- 8' ) as file:
```

```
file. write(html_content)

#关闭浏览器
driver. quit()
```

运行代码后，控制台会输出如下结果，因为页面源代码过长，此处只截取部分内容，如图 10-21 所示。

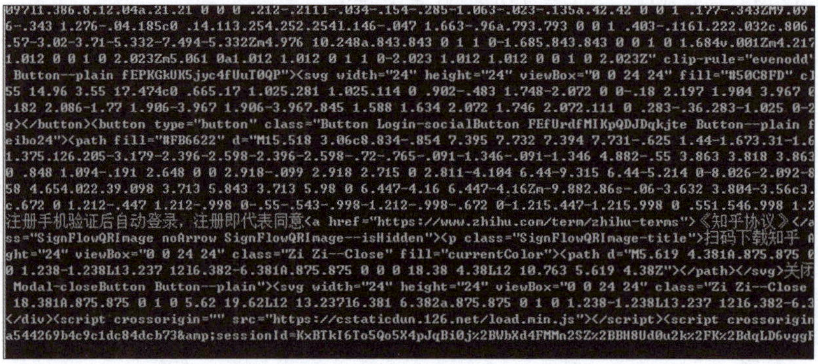

图 10-21　控制台输出获取 HTML 网页文件内容

同时会自动弹出一个 Chrome 浏览器。浏览器会跳转到知乎页面，页面效果如图 10-22 所示。因为访问此页面还需要先登录知乎，所以会不断弹出登录界面。

图 10-22　浏览器打开保存 zhihu. html 文件效果

10.4.3　总结和启示

网络爬虫可以获取网络数据，为我们带来很多便利。作为一名 IT 技术人员要谨记，在编写爬虫时应遵守相关法律法规，以及网站的 Robots 协议，同时要注意隐私保护和版权问题。如果打算在商业环境中部署爬虫，应当咨询法律专家意见或使用专业的爬虫服务。

10.5　本章小结

　　本章主要介绍了 Python 爬虫的基本原理、爬虫的工作机制，进一步介绍了爬虫技术，主要包括对 urllib 和 requests 库的使用。对于爬取到的网页，本章介绍了网页解析技术。结合案例，本章介绍了 Robots 协议具体含义，以及静态网页和动态渲染网页的具体爬取保存方法。

　　爬虫技术容易上手，因此常常成为 Python 入门者首选学习技术。然而，真正使用爬虫技术却有很多技术难度，包括网站使用的反爬机制、验证码等。对于大规模爬取数据，还需要考虑多线程编程等技术，需要学习更高级的框架（如 Scrapy 等）技术。对爬虫技术的使用，还应当遵守相应的法律法规，技术人员需要对此谨慎对待。本章代码可以到以下网站下载使用：https://github.com/pengqingxi/SpiderLearning。

综合实验

【实验目的】

1. 熟悉爬虫的工作流程。
2. 掌握数据爬取方式。

【实验内容】

　　用一个完整的实例完成爬虫的工作流程。选择某大学的学校要闻来爬取，其网址为 http://www.wdu.edu.cn/xwzx/xxyw/，如图 10-23 所示。

图 10-23　某大学学校要闻

　　具体操作步骤如下：

（1）使用 requests 模块对该网页进行爬取。示例如下：

```
#获取某校学校要闻目录页
import requests


url = 'http://www. wdu. edu. cn/xwzx/xxyw/'
response = requests. get(url)
response. encoding = 'gb2312'
if response. status_code == 200:
    catalog_html = response. text
```

查看源代码可知，该网页编码为 gb2312，因此在 requests 中设置编码为 gb2312。爬取结果如图 10-24 所示。

```
<!DOCTYPE html PUBLIC "-//W3C//DTD XHTML 1.0 Transitional//EN" "http://www.w3.org/TR/xhtml1/DTD/xhtml1-transitional.dtd">
<html xmlns="http://www.w3.org/1999/xhtml">
<head>
<meta http-equiv="Content-Type" content="text/html; charset=gb2312">
<title>学校要闻-武汉东湖学院</title>
<link href="http://www.cnhubei.com/js/common_2014.css" rel="stylesheet" type="text/css" />
<link href="/index_2015.css" rel="stylesheet" type="text/css" />
<meta itemprop="name" content="学校要闻"/>
<meta name="keywords" content="学校要闻,武汉东湖学院" />
<meta name="description" itemprop="description" content="学校要闻" />
<script type="text/javascript" src="http://www.cnhubei.com/js/jquery-1.12.2.min.js"></script>
<script type="text/javascript" src="http://www.cnhubei.com/js/jquery.SuperSlide.2.1.1.js"></script>
<link href="/public/css/pageControl.css" type="text/css" rel="stylesheet">
<script language="javascript" src="/public/script/pageControl_1.js"></script>
<script>
$(document).ready(function(e) {
    $("#abc").li").each(function(){

                var al = $(this).children("a").html();
```

图 10-24   目录页爬取结果

（2）通过目录页获取新闻详情页链接。这里使用 10.3.2 节介绍的 BeautifulSoup 提取链接。示例如下：

```
from bs4 import BeautifulSoup
soup = BeautifulSoup(catalog_html,'lxml')
link = []
for div in soup. find_all(name='div',attrs = {"class":"wbz_title"}):
    strhref = div. find(name ='a'). get('href')
    link. append('http://www. wdu. edu. cn/xwzx/xxyw'+ strhref. lstrip('. '))
print(link)
```

此处继续用图 10-24 所示获取的目录页 html 查找所有 class 为 wbz_title 的 div 块，然后获取其中的链接。将最后的链接进行一些处理后放进 list，如图 10-25 所示。

（3）从链接进入详情页，获取详情页中的新闻。示例如下：

238

```
#获取目录页中的链接
import requests

url = 'http://www.wdu.edu.cn/xwzx/xxyw/'
response = requests.get(url)
response.encoding = 'gb2312'
if response.status_code == 200:
    catalog_html = response.text

from bs4 import BeautifulSoup
soup = BeautifulSoup(catalog_html,'lxml')
link = []
for div in soup.find_all(name='div',attrs={"class":"wbz_title"}):
    strhref = div.find(name='a').get('href')
    link.append('http://www.wdu.edu.cn/xwzx/xxyw' + strhref.lstrip('.'))
print(link)
```

['http://www.wdu.edu.cn/xwzx/xxyw/202104/t4300096.shtml', 'http://www.wdu.edu.cn/xwzx/xxyw/202104/t4300054.shtml', 'http://www.wdu.edu.cn/xwzx/xxyw/202104/t4300055.shtml', 'http://www.wdu.edu.cn/xwzx/xxyw/202104/t4300039.shtml', 'http://www.wdu.edu.cn/xwzx/xxyw/202104/t4299526.shtml', 'http://www.wdu.edu.cn/xwzx/xxyw/202104/t4299477.shtml', 'http://www.wdu.edu.cn/xwzx/xxyw/202104/t4299531.shtml', 'http://www.wdu.edu.cn/xwzx/xxyw/202104/t4298629.shtml', 'http://www.wdu.edu.cn/xwzx/xxyw/202104/t4298563.shtml', 'http://www.wdu.edu.cn/xwzx/xxyw/202104/t4298317.shtml', 'http://www.wdu.edu.cn/xwzx/xxyw/202104/t4298265.shtml', 'http://www.wdu.edu.cn/xwzx/xxyw/202104/t4298279.shtml']

图 10-25　从首页中获取详情页链接

```
#获取详情页中的新闻
for href in link:
    responseDetail = requests.get(href)
    responseDetail.encoding = 'gb2312'
    if responseDetail.status_code == 200:
        detail_html = responseDetail.text
        soupDetail = BeautifulSoup(detail_html,'lxml')
        div = soupDetail.find(name='div',attrs={'class':'TRS_Editor'})
        news = div.find(name='p').text
        print(news)
```

图 10-26 所示是从详情页中获取的新闻截图。

```
#获取新闻详情页
import requests

url = 'http://www.wdu.edu.cn/xwzx/xxyw/'
response = requests.get(url)
response.encoding = 'gb2312'
if response.status_code == 200:
    catalog_html = response.text

from bs4 import BeautifulSoup
soup = BeautifulSoup(catalog_html,'lxml')
link = []
for div in soup.find_all(name='div',attrs={"class":"wbz_title"}):
    strhref = div.find(name='a').get('href')
    link.append(url + strhref.lstrip('./'))

for href in link:
    responseDetail = requests.get(href)
    responseDetail.encoding = 'gb2312'
    if responseDetail.status_code == 200:
        detail_html = responseDetail.text
        soupDetail = BeautifulSoup(detail_html,'lxml')
        div = soupDetail.find(name='div',attrs={'class':'TRS_Editor'})
        news = div.find(name='p').text
        print(news)
```

根据《省教育厅关于做好2021年湖北省普通高等学校专升本工作的通知》（鄂教高函[2021]8号）精神，为做好2021年我校普通专升本工作，特制订本简章。
　　一、招生对象及条件
　　（一）高职高专应届毕业生，2021年湖北省普通高校普通全日制高职高专应届毕业生，报考时能如期毕业（以下简称"普通考生"），报考专业应与专科毕业专业相同或相近。
　　（二）退役大学生士兵
　　1、应征入伍服义务兵役退役的2021年湖北高校普通全日制高职高专应届毕业生，报考时能如期毕业，服役期间未受过处分；
　　2、2020年退役的湖北高校普通全日制高职高专毕业生，已取得普通全日制专科毕业证，服役期间未受过处分；
　　3、符合退役大学生士兵报考条件的考生，在服役期间荣立三等功及以上奖励的，可申请免试就读。

图 10-26　获取新闻详情页

至此，已经基本完成任务。

【实验总结】

1. 收获

_____

_____

_____

2. 需要改进之处

_____

_____

_____

_____

习　题

扫描二维码
获取习题答案

一、选择题

1. urllib 不包括以下哪个模块？（　　　）

A. request　　　　　　　　　　　　B. parse

C. robotparse　　　　　　　　　　　D. response

2. urllib. request 模块处理重定向的是哪个类？（　　　）

A. HTTPDefaultErrorHandler

B. HTTPRedirectHandler

C. HTTPCookieProcessor

D. HTTPPasswordMgr

3. 以下哪一个是 error 异常模块的父类？（　　　）

A. URLError

B. HTTPError

C. Error

D. BaseError

二、编程题

1. 图 10-24 所示的结果只爬取了首页链接中的 10 条新闻，请通过首页下方的页码获取更多新闻地址，并爬取更多新闻。

2. 参考案例任务，爬取知乎上某个网页的内容，并参考网络相关资料，解决知乎自动登录问题。

参 考 文 献

［1］赵莉，唐小平，彭庆喜. Python 程序设计［M］. 北京：北京理工大学出版社，2021.

［2］王霞，王书芹，郭小荟，等. Python 程序设计［M］. 2 版. 北京：清华大学出版社，2024.

［3］江红，余青松. Python 程序设计与算法基础教程［M］. 3 版. 北京：清华大学出版社，2023.

［4］刘卫国. Python 程序设计教程［M］. 北京：北京邮电大学出版社，2020.

［5］韦玮. Python 基础实例教程［M］. 北京：人民邮电出版社，2020.